精準轉向

文／黑田悠介
Yusuke Kuroda
譯／黃詩婷

活用蜂巢式職涯地圖，找出自己的特點，
建構蓄積行動，實現人生轉向

序言

我這幾年來的興趣都是與人談論職涯，會發現這點，是因為有許多和我境遇相同、卻抱持完全不同職涯觀的人。

明明大家都是相同業界大型企業的員工，但有人總是接二連三投身到相當有趣的企劃當中，有人卻每天反覆做著相同的事情而相當鬱悶。也有一樣同為自由業者的人，有人會彈性變化自己的職稱、不斷進化；卻也有人每天只是完成相同的工作而感到走進了死胡同。

這兩種人的差異是在性格上嗎？比方說較為外向的人似乎很容易抓到各種機會、讓人覺得他們會不斷轉換自己的人生場景；但也有內向的人會不斷重複這種轉換行為。甚至可以說有些人因為相當內向而非常了解自己，因此能夠確實轉換職涯。看來這應該和性格沒有多大關係。當然，也和學歷、年齡、性別等都沒什麼關連。

那麼究竟能夠轉換職涯的人和辦不到的人之間，有什麼樣的差異呢？我一直非常在意這件事情。

如果這種職涯轉換有一定的法則，能夠整理出來做成一份所有人都能實踐的行為或思維模式資料，那麼說不定能對那些與我聊過職涯的人有所幫助。除此之外，對於我們所有生活在這變化快速的人生一百年時代的人們來說，應該也可以成為一份自行設計自我職涯的指南吧。為此我提筆撰寫這本書。

所有人都能肯定自己工作方式的嶄新職涯觀

一言以蔽之，本書是談現代人在職涯上獲得成功的書籍。但是「在職涯上獲得成功」究竟是指哪方面呢？是出人頭地，又或是賺大錢？以前有許多人的標準皆如此。以往將自己的人生奉獻給工作，那些所謂的「猛烈員工」、「企業戰士」正是其代表，支撐戰後復興和高度經濟成長期的就是這些上班族。當時只要越努力工作，收入就會越高。但今非昔比，過去支撐日本的長時間勞動，已經隨著工作方式改革而步入墳墓。現在甚至還有企業引進週休三日或者四日的制度。雖然薪水會因此減少，但也能夠兼差賺錢。另外也有許多人成為自由業者，做著自己喜歡的工作。工作方式從昭和到平成，接著進入令和年間已有了戲劇性的轉變。

由於工作方式變得更加多樣化，因此光靠年收入及地位提升那種朝上的「向上爬」箭頭，已經無法預測職涯是否能夠成功。那麼現代的我們，應該要如何判斷自己和他人的職涯是否成功呢？

第一個判斷主軸就是「是否做自己想做的事情」。也就是說，要明白自己想做的事情，並且以工作的方式來完成。這種狀態是將自己內心的箭號，朝著想做的事情延伸過去。第二個指標則是「已有未來前景」。是否明確懷抱著將來想要實現的事情，並且將職涯路鋪向那個未來。如果朝向未來的箭號明確，那個人的職涯應該就會順利。

而這**「由內心向外的箭號」以及「朝向未來的箭號」都有著能夠朝四面八方三六〇度延伸的可能性，方向完全因人而異。**這和箭號方向只能朝上的「向上爬」時代相比，職涯成功標準的箭號方向已經轉為朝向四面八方。這表示選擇增加了，是值得欣喜的事情。

但是也會有人由於如此多樣化的選擇而感到煩惱。畢竟不是所有人都能夠將自己想做的事情變成工作，也不是大家都有明確的職涯規劃。那麼如果處於「沒辦法做想做的事情」或者「沒有未來願景」狀態下，那個人的職涯就是失敗的嗎？

看看那些媒體報導的成功者們，看起來的確也都是做自己想做的事情、大部分也有自己的未來願景。因此也能夠理解像他們那樣「應該做自己喜歡的事情」、「必須有明確的未來願景」論點，自然在社會大眾間橫行無阻。然而實際上大多數人做不到。就以我自己來說，當我年過三十五歲撰寫本書的時候也還不清楚自己想做的事情；因為是個自由業者，所以也很難說有什麼明確的願景。

這種只有一部分成功人士能夠符合的判斷標準，對於大多數人來說是沒有意義的。**這樣一來，就需要一種大多數人能夠肯定自身職涯的嶄新職涯觀。**我希望能夠在本書中提出這種嶄新的職涯觀，告訴大家面對工作與人生的全新方法。

不需要受到一般論操弄

我自二〇一三年起在一間名為Slogan株式會社的公司擔任職涯顧問，負責的對象是大學生。每天我都會聆聽他們來商量就業活動和職業走向，也會舉辦挑選公司和應徵對策的講座。自二〇一五年起我就獨立成為自由業者，六年以來都沒有正職，完全是以外包的方式擔任職涯商量的對象。來找我商量的人真的是各式各樣，有上班族、自由業、老闆、國高中生和大學生等等。從二〇一三年起的八年間，我與二千多人談論職涯。剛才也已經提到，由於這些對話，我開始留心起每個人對於職涯觀的差異。

除此之外，我也透過對話發現**有許多人受限於先前提到的「職涯是否成功的判斷標準」**。實際上在商量職涯的人當中，最常提到的煩惱之一就是「我不知道自己想做什麼」。這句話的背後，其實就有著非常接近「將自己想做的事情作為工作比較好」、「得快點找出自己想做的事情」這種接近強迫觀念的想法。不管是煩惱就業方向的國高中生、剛開始找工作的大學生，還是已經接近退休年紀的上班族，似乎都苦於這個一般論點的概念。

相同的，「沒有未來願景」也是在職涯商量當中經常出現的關鍵字。也就是大家會說什麼「就算留在目前的公司也只是做一樣的工作，雖然想轉職但不知是否能夠辦到」、「不知道自由業能做到何時」等等。另外還有找工作的應屆畢業生在選擇公司的時候，似乎也會希望能夠具備某個程度的職涯前景。或許我們覺得「必須要有未來願景」、「確立好職涯規劃會比較理想」這種念頭只是想太多了，根本就是多餘的。

但是我在與大家談話的同時，也發現一些例外之人。**有許多人就算處於「我不知道想做什麼」、「我沒有未來願景」狀況下，也不怎麼煩惱，反而相當積極主動去嘗試各種事情。**

接觸他們的思考方式以後，我腦中的認知也逐漸改變。「不知道想做什麼事情」根本是理所當然，明確想做什麼的人其實相當稀少，大多數的人都不知道自己想做什麼。因此就算沒有想做的事情，也不需要感到焦急。體驗過各種事情以後，也可能會找到想做的事情。如果找到了，再轉換跑道就好。這表示**你不是「不知道想做的事情」而是「正在找想做的事情」**。

相同的，根本不需要在意什麼「沒有未來願景」，就連我自己也不知道三年後我會做什麼呢。我認為大家都一樣看不到職涯前方，這個世間變化如此快速，自己也會跟著變化，所以預測不成功乃十之八九。與其擔心未來，還不如做現在能做的事情、為將來做好準備。等到身處未來而自己成為能夠適應的形體時，再轉換跑道就好了。**這並非「沒有未來願景」而是「沒有未來願景也無所謂」**。

以經驗打造「蓄積」及「偶然」，實現職涯轉換

無論如何，最重要的還是**「職涯轉換」**。如果準備好隨時都能夠換跑道，那麼找到想做的事情時馬上就可以有所選擇；就算沒有確立未來願景，也可以隨時適應當下狀況推動自己的職涯。

那麼，轉換跑道需要哪些準備呢？我在工作上認識的那些顧客或者主辦社群的成員當中，有些有趣之人轉換了好幾次跑道、人生經驗相當多采多姿。他們的做法給了我許多靈感。我詢問他們轉換職涯需要什麼東西，剛開始總聽到各種「湊巧而已」、「運氣好罷了」等謙虛發言，想來「偶然」的確是轉換跑道的重要因素。在我進一步追問以後，終於能夠明白他們在各種體驗當中，累積了各式各樣的東西在身上。**「蓄積」與「偶然」**。這兩者都是虛無飄渺而曖昧的詞彙，但我覺得這就是轉換跑道需要的東西。

那麼，我們到底應該要歷經哪些體驗、累積些什麼東西，又要如何使用在轉換跑道上呢？本書便是透過自己的經驗、與各式各樣人們對話後，再加上心理學和社會學等智識將此一連串流程梳理為一個體系，提出**「人生轉向」這個概念。所謂人生轉向，是指立足於過去所蓄積的經驗，並且確實往嶄新職涯踏出一步。**

對於自己職涯不滿的人，可以藉此脫離泥沼；就算是沒有特別不滿的人，如果有意願轉換到其他跑道，那麼人生轉向的概念也能派上用場。後面還會詳加解說，我們必須透過工作的經驗，儲存**「三項蓄積」**；而**「六個行動」**則有助於這些蓄積。這些行動只需要在當下的職涯當中多下點功夫，任誰隨時都能夠開始。無論在何種情況下都能起步，之後也能夠由於連鎖而達成職涯轉換。若是本書能夠成為更多人掌控自我職涯的契機，那就再好不過了。

本書在第一章當中會先說明現代需要人生轉向這種思考方式的由來背景。人生這個遊戲的規則已經不同，事前訂立計畫、做好職涯規劃的想法已經行不通。第二章當中會說明具體實踐人生轉向的流程，告訴大家應該要從經驗上得到些什麼，並且如何使用才能達成人生轉向。第三章與第四章會介紹人生轉向前置準備需要的具體行動及其思維模式，第五章則告訴大家反覆執行人生轉向以後，將來會有什麼樣的工作方式。

據說我們已經邁入人生要活一百年的時代，所以將要工作半世紀以上。地圖經常遭到改寫，指南針的方位也無所適從。在這樣的時代當中，我們要能夠持續前進、確實地踏出每一步，需要的正是「人生轉向」的力量。

若是本書能成為您的第一步，那就太好了。

黑田悠介

第2章 三項蓄積與相鄰可能性 …… 63

第3章 為蓄積而做的行動 前篇……125

第4章 為蓄積而做的行動 後篇

第5章

第 1 章

為何需要人生轉向

人生遊戲的規則已經改變

由昭和活到平成，我們歷經上學接受「教育」的那段時間，畢業後又「工作」數十年，將要迎向寧靜的「老後」，活到目前為止都認為人生應該就是這種簡單的三段式結構。另外工作期間中會有結婚、生產、買房、買車等購買活動，大家認為逐步實現這些事情，便是所謂的「理想」人生。也就是大家在概念上認為，人生這個大富翁遊戲就是一直線往前延伸，眼前能夠清楚看到終點為止的路線，而我們只需要一格格往前進。以往由於有戰後復興以及經濟成長的目標，所以沒有人質疑這個理想模式。

但在泡沫經濟破滅以後，經濟成長停滯、人口減少，到了現代，那樣的目標已經不再有所作用。社會已經成熟，因此個人應該要重新思考社會的存在方式、以及自己的生活方式，不能夠再以經濟成長作為指標。除了物質上的豐裕以外，人們的價值觀已經逐漸轉換，認為應當同時重視精神上的豐足，而精神上的豐足是因人而異的。與誰在一起、做什麼樣的工作、時間的用途等，我們的人生有了更加多樣化的選擇，可以挑選那些符合自己喜好的方向。

有人選擇不走向原先理所當然的結婚和生產一途；以前大家非常憧憬要有自己的房子、車子，但現在也有共租房屋或者共享車子的服務。從前被當成日本國民象徵家族的動畫「海螺小姐」那種家庭結構，現在也已經成了少數族群。自己創業、身兼多職的人增加了；職業生涯上一輩子只隸屬於一個組織的人也逐漸減少。

我認為生存方式的選擇增加了，實在應該額手稱慶。但是變化通常也伴隨著不安。「我能跟上這樣的變化腳步嗎？」「為何我們公司一點都沒變？」「我看不見自己的將來」「資訊太多了該相信什麼好呢？」每天聽各式各樣的人來與我商量職涯，會發現許多人潛藏著這類不安。我想，不安的原因其實就在於，雖然世間有如此大的變化，但是從昭和到平成以來建構的系統和價值觀並未改變。比方說，退休之後就沒辦法工作，會失去生活意義和收入。錄取員工的時候通常重視學歷，只有國高中畢業或者大學沒畢業的年輕人，能工作的場所非常受限。除了工作和家庭以外難以隸屬於特定社群，沒有能夠找到全新自我存在方式的場所。過剩的自我責任論、不可以給別人添麻煩、不可以失敗等價值觀。在這樣的背景下，我們勢必要度過一段懷抱著不安摸索嶄新生存方式的過渡期。從前的「教育」、「工作」、「老後」人生三階段想必也會產生變化。「教育」型態逐漸多樣化；人生當中也能換好幾次「工作」；而每個人「老後」也都能有各自型態可以持續接觸社會——

那種所有人都同意的理想人生大富翁已經不存在了。**這個時代，每個人都要玩屬於自己的人生大富翁**。這張大富翁地圖上會有許多曲折的路線、還有很多岔路，很難要知道自己該走向哪裡。或許這不該說是大富翁了。因為我們隨時都能夠往周遭三六〇度踏出腳步，就好像遊戲盤面上填滿了永無止盡的蜂巢結構六角形格子，而人生就是在這個盤面上自由移動的遊戲。每次前進一格，就是**以轉職、獨立、創業等形式轉換人生形態**。這條路線不再是像那理想人生大富翁一般，只需要直線移動少少幾個格子的簡單軌跡，而是曲折離奇穿越大量格子移動、進而描繪出相當複雜的軌跡。

那麼為何我們必須持續前進，轉換自己的生活型態呢？而我們又應該要如何選擇下一個格子？要持續玩這個看不見終點的遊戲，應該要有什麼樣的思維模式？本書會逐步回答這些疑問。我將交織自己的實際體驗，來告訴大家這個不斷轉換職涯到老後還繼續工作的職業論。

那麼首先我們來想想持續轉換生活型態的理由。一言以蔽之，就是「①人生長期化」、「②生活型態短期化」、「③世界變化加速中」這幾件事情同時發生。

①人生長期化

有句話說「人生一百年時代」。我在二〇二一年撰寫本書的時候是三十六歲，以平均性命來說還有四十六年要活。因為我過得不是很健康，所以覺得自己大概能再活四十年就算運氣好了。這樣一來，我的人生總共約七十五年左右。這麼說來所謂人生一百年時代這個口號，和目前已經長大成人的人並沒有關係，而是孩子們和將來要出生的人才會面臨的嗎？我認為不是這樣的。平均壽命只是政府機關根據過去資料製作成的生命數據計算出來的數值，但是我們還有未來的可能性，這並不包含在過去的資料當中。今後在ＡＩ、ＶＲ和機器人工學等領域都還會出現嶄新科技，衛生、醫療、生技也都可能進一步創新。

比方說可能會有用攝影機掌控冰箱裡的食材，然後根據個人喜好以及健康狀況來選擇性提供餐點的內建ＡＩ廚房；或者是透過適當通風及維持室溫與濕度，保護屋子裡的人不受病原菌感染的ＡＩ空調系統等。這樣一來人類的壽命就會延長，**已經是成人的世代也可能面臨人生一百年時代，絕對不可小覷此可能性。**

這本書在撰寫的時候是打算獻給所有世代的人，因此二〇〇七年出生並在二〇二一年時正好十四歲的人也可能會閱讀本書。撰有《一百歲的人生戰略》（東洋經濟新報社／二〇一六年）的林達．葛瑞騰教授曾說過，該十四歲年紀的讀者有百分之五十以上的機率能夠活到一〇七歲。將來還有九十年以上的人生路要走，實在令人難以想像。

人生一百年時代的到來，在日本可能會加速少子高齡化現象。少子高齡化的問題在於「支撐世代」減少，而「被支撐的世代」過多，這種不均衡會加重「支撐世代」在經濟上及精神上的負擔。為了打消這種不均衡，退休年紀也逐漸後推。日本在二〇二一年四月施行的修正高齡者雇用安定法當中，只要有意願就可以工作到七十歲。今後退休年紀或許會繼續後推到七十五歲，或者退休這種想法本身都有可能煙消雲散。也就是說**我們將會有半世紀都在工作**。更何況就算是七十五歲才退休，接下來都算老後，那到一百歲為止也還有二十五年，這可是人生的四分之一。若要無所事事的度過，那也未免過於長久，更何況要活下去就需要錢，因此肯定會有許多人在七十五歲以後仍然繼續工作。

退休後仍於同一公司工作的持續雇用制度當中，薪資是退休時的五到七成。目前主流還有以契約員工的身分每年重簽契約，但就算是能持續較久的，通常也在退休後幾年就無法更新契約，因此無法作為穩定的長期收入。除了持續雇用制度以外的工作，大多以低薪打工為主，工作上的選擇非常狹隘。

雖然也有人會認為，那麼就先為了老後存好錢吧，但究竟要存多少才夠呢？這樣的話**還不如在年輕的時候持續彈性轉換跑道，為自己老後建立彈性的嶄新可能性，會比較好吧？**這樣一來人生也會變得更加充實、身心都能維持健康的期間（健康壽命）也將得以延長，當然也不必擔心老後的經濟問題。

我們將會活得更加長久、也工作得更久，如此一來，生活型態多次轉變也沒什麼好奇怪的。下面會繼續陳述關於生活型態短期化的問題，對照來看更加一清二楚。我們目前逐漸長壽化、而生活型態則短命化。

② 生活型態短期化

過去有個詞彙叫做「職涯規劃」，也就是先計畫好進了公司以後應該要如何累積自己的歷練、將來想要成為什麼樣的人才等，通常在面試的時候也會被詢問計畫內容，甚至也有企業在員工進了公司以後，開辦建立職涯規劃的研習課程。最重要的特徵就是這個規劃的大前提，便是候補者在進入公司以後會一直在該公司工作。

職涯規劃的內容通常都是進了公司以後先在自己被分配前往的部門當中累積實力，然後轉調到希望的部門，建立業績以後升上管理職位這種直線形（而且整齊劃一）的路線。在變化甚少的時代當中，當然能夠事前建立長遠計畫，持續執行計畫所需的行動。但是現在被認為是個VUCA[※1]的時代，我們已經無法再撰寫職涯規劃那種長期性計畫。

※1：VUCA是Volatility（變動性）、Uncertainty（不確定性）、Complexity（複雜性）、Ambiguity（曖昧性）這四個字的縮寫，為一般用來表現當代情境的關鍵字。

最具代表性的就是最近有「**職涯漂移**」這樣的概念，這是神戶大學研究所經營學研究科的金井壽宏教授在二〇〇二年著作《給工作者的職涯設計》（ＰＨＰ研究所）當中所介紹的理論。也就是不能像職涯規劃那樣事前決定好未來圖像，而是要**隨波逐流的職涯思考方式**。

當然如果一直漂流，就會因為不知道自己將抵達何處而感到不安，因此職涯漂流這種思考模式，通常只會建議給那些在人生關卡某個時機需要重新思考職涯的人。也就是要這些人在關卡以外的地方放棄原先的計畫，藉此彈性地安然度過變化大浪。與職涯規劃相比，職涯漂移這樣具有變動性的思考方式能夠讓人體驗較多變化，因此職涯也會變得較為短期化。我自己也是每兩年就會重複著轉職、創業、獨立等行為。

企業要能夠宏觀未來願景，也變得和個人職涯一樣困難。想來企業會愈來愈短命，工作也將逐漸轉變為建立於企劃之上。就算事先描繪好非常縝密的職涯規劃，還是可能遭逢變故，像是就業公司破產、或者遭到收購，整個規劃也就如夢幻泡影般破滅。雖然也有不會倒（或硬撐著）的公司，但繼續留在那種公司裡，仍然無法避免被炒魷魚或者遭逢勞動環境變化的可能性。

而且人有不測風雲、天有旦夕禍福，二〇二〇年東京奧運延期、衛生紙有如第一次石油危機時從店面完全消失、口罩的價格千奇百怪，這些事情有誰能預料到呢？想來也有很多人由於COVID-19的影響而不得不變更職涯規劃。有人因為遠端工作而推動了自己的職涯；也有人苦於根本無法遠端工作、失業、甚至錯失轉職機會。

在這個VUCA的時代當中，職業流動化、走向不明化及**企業短命化也都對個人造成相當大的影響，導致生活型態短期化。**

這種情況並不只發生在職涯以及企業上，你自己也會逐步轉變。在累積各式各樣的經驗以後，興趣和嗜好可能也會有所變化，想做的事情也會變得不一樣。另外，夥伴關係也會產生變化，若是生了孩子或者家人需要照護等過程當中，想必自己也一定要有所變化。同時日本是天災相當多的國家，每當發生地震、水災、傳染病大流行，都會改變人們的價值觀。也有很多人創業或者獨立的契機，便是因為遭逢這類衝擊。像這樣「自我」的變化和生活型態轉變，也非常難以預料。

③世界變化加速中

最近各種變化都變得更加快速。根據一篇「獲得五千萬使用者所需時間」報導中的資料可以得知那些改變我們生活的創新物品，是以何等速度滲透我們的生活。

飛機68年／汽車62年／電話50年／電力46年／信用卡28年／電視22年／ATM18年／電腦14年／手機12年／網路7年／iPod4年／YouTube4年／Facebook3年／Twitter2年／Pokémon Go 19天

（引用：神田敏晶、Yahoo!NEWS https://news.yahoo.co.jp/byline/kandatoshiaki/20180910-00096323/）

正因為有手機和網路，Pokémon Go才能拓展的那樣快速。以往的創新科技會支撐下一個創新科技，這種**創新的連鎖**也是加速變化的原因之一。

另外**全球化**也造成世界所有地方一同連動，在世界某處發生的變化會影響看似毫不相關之處，這件事情已經稀鬆平常。比方說Black Lives Matter運動透過SNS，一個晚上就成為世界潮流。另外COVID-19會在全世界擴散，也正明白顯示出全球化使得我們所有人都息息相關。由於全球化造成的過剩相連，加上只要創新連鎖持續不斷，變化的速度就不可能衰減。

另一方面，這樣速度過快的世界變化雖然達到反覆執行「製作、使用、捨去」的循環，卻也的確對地球環境造成負擔。今後各業界應該也會在反省中逐漸緩下腳步，試圖摸索出讓企業和業界繼續存活下去的方式。這樣一來當然就會產生**減速**大變化，但無論是加速還是減速，兩者都會造成當下世界持續變化，進而直接影響到我們。

為即將到來的轉換做好準備

因此我們將會，

①在長期化的人生當中

②面臨生活型態短期化

③並且面對加速的各式各樣變化

我們正是要活在這樣的時代當中。

因此，人生很難只靠一兩種生活形態度過一輩子，理所當然會好幾次轉換自己的生活型態。在這種狀況下，縝密計畫工作和人生實在沒什麼意義，因為計畫永遠都趕不上變化，必須與時俱進。這樣一來與其「計畫」，**還不如努力「準備」好應對各種變化。**漫長的人生當中肯定會發生變化，而那可能會是一個月後又或者是五年後。雖然不知道何時會發生，但是可以先行預料一定會發生，然後準備好無論有什麼變化，都能夠適當轉換自己的生活型態。

雖然說要大家準備好，但有人可能因此忍著不去做想做的事情或者開心的事情，這種準備方法我並不推薦。畢竟我們可是「或許會活一百年，也可能明天就死了」呢。若是忍著不去做結果就死掉了，人生變成半途而廢沒有完成，臨死之際肯定會很後悔。所以我建議，**人生應該要好好享樂、一邊品味人生一邊做好準備迎接變化。**

那麼我們究竟應該做好哪些準備呢？接下來我們就將焦點放在工作方式和職涯成形來思考，你準備好要轉換跑道了嗎？

要如何才能隨時可以轉換跑道？

經驗串珠

提到要準備轉換跑道，很多人都只會想到要修改履歷表、考些證照之類的事情，但只做那些事情不可能達成轉職。因此請大家腦中要有一個重要的思考模式，就是**過去的經驗會與偶然相遇，然後拓展可能性。**這在職涯上也是相通的。透過工作上獲得的經驗，能夠讓人實現轉換跑道。

這件事情，蘋果創業者史蒂芬·賈伯斯以「Connect The Dots」這句話來表現，那是他在二〇〇五年六月十二日於史丹佛大學畢業典禮上的演講。不過這句話經常遭到誤解，所以我還是要向大家好好說明。他並非告訴大家「為了將來，應該要事前決定好做某些事情」，不是要大家為了派上用場，先去考張證照之類的，完全是相反的意思。賈伯斯在這場演講中說的是「你無法預估未來而將點（經驗）連線，都是**回頭以後才發現能連上**」。

也就是說，根本沒辦法事先知道哪些經驗會派上用場（能夠連線）。那麼還不如相信將來一定會連上些什麼，然後認真的做現在的工作，這樣才會「Connect The Dots」。賈伯斯自己也是過去曾有各種經驗，並表示他從中獲益良多。正因為有這些經驗（Dots），結果才能夠引發「Connect The Dots」，最後也催生了iPhone吧。以下截錄該演講的部分段落[※2]。

You can't connect the dots looking forward; you can only connect them looking backwards.

你無法評估未來如何將點（經驗）連在一起，都是回頭以後才發現能連上。

So you have to trust that the dots will somehow connect in your future.

所以我們必須相信這些點在將來一定能夠連上些什麼。

You have to trust in something——your gut, destiny, life, karma, whatever.

你可以相信自己的直覺、命運、人生、業障，什麼都信，總之你必須相信它。

Because believing the dots will connect down the road, it gives you confidence to follow your heart; even it leads you off the well-worn path. And that will make all the difference.

因為只要相信每個點相連能夠拓展出道路，就能夠給予你相信自己心靈的自信。就算那條道路和大多數人走的不一樣，那也會帶來與他人的不同。

大家現在**認真進行自己工作、累積經驗也是一種「Dots」**，但是不能夠散漫地工作，要好好分析自己的經驗，有自覺地蓄積後面章節還會詳述的人生轉向所需資產，才能夠達成轉換跑道。這樣一路走來的東西都會蓄積在你身上，大量的「Dots」就會引發「Connect The Dots」，拓展出嶄新職涯的可能性。我自己也有這種「Connect The Dots」的經驗。

體驗到Connect The Dots的瞬間

回顧過往，其實嚴格來說我的職業也沒有什麼專業領域，每次轉職的時候就會稍微變更業務範圍和工作立場。大學畢業後，我第一份工作是在一間行銷公司，在那裡的研究部門半年以後，又被分發到當時全新業務的部門去。我在研究部門學習到數據分析與資料製作這些技術，也從公司前輩那裡獲得不少行銷的思考模式。在新

※2：YouTube - Stanford. Stanford. “Steve Jobs' 2005 Stanford Commencement Address.”（https://www.YouTube.com/watch?v=UF8uR6Z6KLc）

業務的部門待了兩年，對於一個企劃應當要有的思維、讓全新事業有所成長的流程也變得相當了解。

這些經驗的蓄積並不是為了要讓我轉職，而是我那時好好面對自己工作的結果。我能夠非常順利地轉職到另一間公司，正是因為他們對於我在第一間公司中處理嶄新業務的經驗有相當高的評價。

第二間公司是為休閒設施提供預約系統的新創企業，那間公司為了建立一個全新事業而計劃設立子公司，因此他們詢問我有沒有意願成為那間公司的負責人。我不曾想過自己能夠成為一個經營者，但覺得這會是相當貴重的經驗而接受了。正因為我有在第一間公司接觸嶄新業務的**經驗（Dots），才拓展了這個可能性。**這正是我體驗到「Connect The Dots」的瞬間。

在我自己經營的公司，也就是我第三間工作公司的經驗，真的獲益良多。雖然也歷經了許多失敗，但在過程中我明白了對話的重要性。工作並非只是單向指示員工，如果不是一起思考得到的結果，大多人無法接受；如果對於命令不服氣，那麼也不會有好好做事的意願。要建立信賴關係、引發員工的行動及態度轉變，對話是不可欠缺的。另外就是當時能夠在新創企業中工作的年輕優秀人才相當不足，那些人不知為何總是去那種有著完整組織架構的大企業。明明那些將來會大有發展的產業或事業，要是有年輕優秀的人才加入，社會應該會更加有趣吧？這種感覺也是身為新創企業經營者以後我才體會到的。像這樣**意識到課題、以及宏觀的視野，也可以說是經驗的蓄積（Dots）吧。**

第四間公司是人力系統的企業，以經營者之身感受到的課題，讓我離開了自己的公司。為了告訴那些年輕而優秀的人才可以選擇去新創企業工作，我成為職涯顧問。正因為我有身為經營者的「對於人才問題感受到的課題意識」以及「對話的經驗」才拓展了這個可能性。這也可以說是「Connect The Dots」。在我幾乎每天都與學生談論就業活動以及職涯時，我開始留意到自己的工作方式，因此對於我不曾有過的自由業經驗提起了興趣。像這樣理解自己的興趣及心之所向，換句話說就是**「自我理解」，也可以說是經驗的蓄積（Dots）。**而自我理解的結果，就是獨立自主成為自由業者。職稱稱做議論對象，表示可以找我討論任何事情。正是因為我有著經營者以及職涯顧問這些與對話相關的經驗蓄積。

這樣回頭想想，我再次體會到自己職涯當中的「Connect The Dots」。透過工作獲得的經驗蓄積，就像念珠一樣會串在一起。最重要的是**認真面對眼前的工作、分析自己的經驗，有自覺地蓄積後面章節還會詳述的人生轉向所需資產。**這些累積起來的經驗會拓展職涯的可能性，而在新的職業上獲得的經驗也會持續累積。一輩子持續這種職涯轉換、讓蓄積本身產生連鎖，那麼不管到了幾歲、或者是第幾次，都可以轉換跑道。

過往那個人生遊戲的規則已經改變了，同時我們也已經確認，為了要配合新規則，必須要轉換跑道。而轉換跑道不可或缺的正是透過工作蓄積經驗並且使其產生連鎖。但是轉換跑道還有另一個非常重要的因素，那就是「偶然」。

偶然占八成

偶然會對我們的職涯產生重大影響，大家是否聽過史丹佛大學的約翰．D．克倫波茲教授等人於一九九九年提倡的職涯論中有所謂的「計畫式偶然性理論」呢？根據此研究認為，**個人的職涯有八成是依據意想不到的偶然決定的**。

讓我們以上班族為例來思考，說起來會隸屬於哪個部門、與什麼樣的上司一起工作，大多數情況下都不是自己的意志能夠決定的事情。另外就算是表現出成果，是否能夠得到適當評價而獲得晉升；又或者在公司裡也不一定能完全依照自己希望的方式去工作。而且實際工作以後，興趣和心之所向也可能有所轉變。雖然我們用上班族來舉例，但就算是經營者或者自由業者也是一樣的，在各式各樣環境變化以及自己與共同工作的人之間的關係這些偶然，都有可能改變職涯的方向性。

我自己曾為上班族、也當過經營者及自由業者，對於「個人職涯有八成是依據意想不到的偶然決定的」這件事情有相當深刻的體會。上班族↓上班族↓經營者↓上班族↓自由業者，我在經歷這樣的變化時，職涯的轉換點總是各種偶然發生作用

（以我來說影響最大的偶然便是與人的相遇）。

但是這個計畫式偶然性理論並不表示「職涯受到偶然擺布，因此隨波逐流即可」，畢竟那樣的話只要叫做「偶然性理論」就好了，所以自然不是那樣。正因為這個理論是要告訴大家，可以**有計劃的讓偶然成為自己的助力**，所以才命名為「計劃式偶然性理論」。這是什麼意思呢？偶然很可能會是正面也可能帶來負面效果，完全不知道會產生哪種影響，畢竟它是偶然。但若能夠將偶然的範圍從接近負面之處往正面之處提升，那麼偶然帶來好結果的可能性也會提高。

比方說，同一天被兩個聚餐邀請。一個是常見面之人的聚餐；另一個則聚集了平常不容易見到的人們。無論參加哪場聚餐，都不知道會發生什麼樣的偶然。但是感覺會有正面偶然的是後者，因為很可能會有嶄新的相遇或者發現。計劃式偶然性理論的主張便是如此，告訴人們應該要採取能夠引發更為正面偶然的行為。

那麼具體上來說哪類行動，比較容易引發正面的偶然呢？克倫波茲教授在《幸運絕非偶然》（中文版由北極星出版）當中指出以下五個行動特性最為重要。

①好奇心（Curiosity）

以剛才舉的兩場聚餐例子來說，就是要對於不習慣的場所及全新機會抱持好奇心、試著去參加。如果一直待在相同的場所、與同樣的人在一起，就很難發生正面的偶然。

②持續性（Persistence）

發揮好奇心接觸新事物以後，也不會馬上就發生偶然事件。要在一段時間內好好沉浸其中、明白樂趣所在，學習到一定技能、建立人際網絡。

③樂觀性（Optimism）

就算有好奇心，若是抱持悲觀心態，也不會有新機會降臨的。只要抱持著「總會有辦法吧」的樂觀心態，就會敞開心胸歡迎嶄新的變化，也能夠享受無法避免的變化。

④彈性（Flexibility）

開始了就應該要堅持下去，這種固執會讓視野變得非常狹隘，反而會讓眼前的變化或機會溜走。雖然持續很重要，但絕對不能忘記彈性。只要維持彈性，就能夠讓自己適應五花八門的變化及機會。

⑤冒險心（Risk Taking）

在全新的機會與變化之中，以前那樣事先預想「若這樣做應該會那樣吧」是幫不上忙的。尤其是越大的機會，越無法確定會發生什麼事情，這種無法預測的情況一定會有某些風險。

這五個行動特性，能夠計劃式拉近正面偶然性。這個理論雖然是二十多年前提出的，但我認為現在仍然通用。為了開拓嶄新的職涯，我們**除了透過工作來累積經驗以外，也必須要讓偶然成為自己的助力。**

現代雖然因為網際網路的發展，一般人認為世界變得更加開闊，但其實相當容易只瀏覽自己想要的資訊，結果成了井底之蛙。另外，由於COVID-19的影響，線上會面和活動也增加了，但也有些人擔心這樣反而造成閒談的情況減少。閒談原本就帶有偶然性，卻因為轉為線上而減少了。這樣一來，這個計畫式偶然性理論在現代或許更為重要。

人生轉向概念

蓄積與偶然實現職涯轉換

如果相信這種偶然的作用，那就應該明白我們事前訂立幾十年的職涯願景，再以此執行是沒有用的。比方說就算目標是要站上公司的某個位置，那個位置還是可能被別人占據，又或者是那個位置、甚至公司本身消失。另外，無論是什麼樣的職業都有可能失去需求，或者遭到ＡＩ及機器人替代。

在野村綜合所及史丹佛大學的共同研究中推論出「二〇三〇～二〇四〇年日本約有百分之四十九的勞動人口職業，有被人工智慧或機器人取代的可能性」，先前也引發社會大眾的討論[※3]。就算自己是不會被取代的職業，還是可能會有一部分的作業轉由ＡＩ取而代之，導致工作內容大為轉變。比方說在這份研究當中，小學老師就是無法被ＡＩ取代的職業。但是老師這個工作，很可能會從整齊劃一教導課本內容，逐漸轉變為支持每個人各自學習的敦促者等，工作內容也變得不一樣。

由於無法為職涯立下未來願景，因此我們應當要注目的就是當下。與其努力規劃，還不如認真執行眼前的工作來蓄積經驗，承受偶然的作用再實現轉換跑道。賈伯斯在「Connect The Dots」那場演講中說的也是這樣的事情。

像這樣蓄積經驗並在偶然下實現轉換跑道的行為，本書將此稱為「**人生轉向**」。

※3：野村綜合研究所「日本勞動人口中49％可使用人工智慧或機器人等替代」二〇一五年十二月二日發表（https://www.nri.com/-/media/corporate/jp/files/pdf/news/newsrelease/cc/2015/151202_1.pdf）

首先向大家說明一下轉向這個詞彙。你是否打過籃球或者看過比賽呢？籃球當中經常能看到一個動作，就是持球而以一腳為軸心不動、只動另一腳來混淆視聽，或者只將身體轉往要傳球的那個方向，這就是轉向。一般會把不動的那隻腳稱為軸心腳（pivot foot），另一隻能夠自由移動的腳則是自由腳（free foot）。自由腳如其名所示，可以隨意往三六〇度任一方向踏出。

我們將**蓄積下來的經驗和偶然作為軸心腳，隨意往三六〇度任一個方向踏出自由腳，便能夠轉換跑道**。或許往右、也可能是往左。重複過幾次人生轉向以後，就會描繪出一條蜿蜒曲折的職涯軌跡。這和過往那一直線的人生大富翁完全不同，每個人自己的軌跡都與他人相異、有自己的特色。

順帶一提「轉向」這個詞彙，也會用來形容剛起家或者新創事業要轉換事業內容。這類企業經常在開始進行以後、或者由於成長停滯而失去前進方向，便轉換為其他業務。不過他們並非捨棄一切從零開始，而是活用願景、團隊、蓄積下來的知識等，再以全新的形式執行新業務。像這樣留下軸心腳去轉換業務內容，就有如籃球運動中利用軸心腳轉動方向一樣，所以這種行為也被稱為轉向。

就像那些剛起家或者新創的企業一樣，VUCA的時代下「變化才能生存」肯定沒有錯。但是變化的方式有好幾種，要是漫無目的去變化，然後到了六十歲的時候完全沒有蓄積任何東西、也難以繼續變化下去，這可不行，因為那就只是跳槽型的變化。所謂「跳槽」這個詞彙原先是用來揶揄那些不斷轉職的人，但那應該是因為沒能夠蓄積過往經驗、活用在未來吧。人在跳躍的時候兩腳都會離地，但是**轉向的話會留下腳踏實地的軸心腳**。跳躍能夠從當下所在之處前往比較遠的地方，相對地轉向的移動距離就很短，但是人生又不是要前往遠處的遊戲。還不如確實累積經驗、將職涯轉換到自己喜歡的方向去，然後描繪出具備自我風格的人生轉向軌跡吧。和跳槽相比，人生轉向較為穩定、每次重複都會繼續增加能夠派上用場的蓄積事物，這是男女老少都通用的跑道轉換方式。

圖1　人生轉向

蓄積　＋　偶然　＝　轉換

- 蓄積＝透過工作累積經驗、又或稱為Dots
- 偶然＝依計畫式偶然性理論的五個行動特性，所帶來的正面偶然
- 轉換＝人生轉向

人生轉向會循環

若將人生轉向化為公式，那就是如圖1。

這是本書最重要的公式，非常簡單對吧？但是要能夠理解我們的人生，在看這條式子的時候有個重點。也就是我前面一直在說的，跑道轉換（也就是人生轉向）是會不斷重複的，在人生當中不會只有一次。**跑道轉換在人生當中會發生好幾次，我們會在連續轉換中活下去。**

在這樣的人生觀下，與其說「轉換」是個終點，還不如說它是邁向下一個「轉換」的起點。這又代表什麼呢？我們可以在每次轉換的時候都透過新工作獲得經驗，那會成為新的「蓄積」，將下一次的「轉換」化為可能。如此一來，我們的人生就會描繪出一個「蓄積」→「轉換」→「蓄積」→「轉換」……的循環。「偶然」在其中就像是這個循環當中的觸媒。

若是以RPG遊戲來比喻的話，就是等級提升以後，能夠使用的技巧、可以進入的迷宮和能打倒的敵人都會增加，累積經驗值以後又會提升等級。「蓄積經驗值」→「升級」→「蓄積經驗值」→「升級」……這樣的循環。但是遊戲的升級僅限於過去的延長線上，而人生轉向卻有著往三六〇度踏出去的可能性，這點完全大不相同。

這個「蓄積」和「轉換」的循環永無止盡，如果你希望的話，當然可以一輩子持續這樣的循環，沒有人知道你能走到哪裡，就像是沒有腳本的即興劇一樣。我們完全沒有拿到人生的劇本，只能在台上憑藉著各種偶然，反覆轉換來推演我們的人生故事。

蜂巢地圖

在本章開頭曾經提到「遊戲盤面上填滿了永無止盡的蜂巢結構六角形格子」這樣的說法，我就試著將這比喻做成「蜂巢地圖」的圖示，來解說人生轉向的思考模式（第57頁，圖2）。

地圖觀看方式

首先你在六角形的格子當中，這個格子代表你現在的工作方式。接下來你透過工作得到各式各樣的經驗，於是你拿到了「技能」、「自我理解」、「人際網絡」等各式各樣的手牌。又或者是在工作以外的活動拿到這類手牌，**這些卡牌就代表經驗的蓄積。**

首先最重要的就是知道自己有這些手牌，如果平常就能回顧自己的工作、試著盤點一下，應該就很容易發現。

你可以**活用這些手牌，移動到環繞在原先格子三六〇度的任何格子（新的職業）**。比方說你原先是某個公司的行銷人員，手上有著「行銷技能」這張卡牌，那麼就可以轉職為：①支援客戶行銷工作的公司擔任顧問，或者②成為新創企業公司企劃組的行銷人員。當然，你手上應該還有其他手牌，也可以評估一下使用那些卡牌可以移動到哪些格子去。另外，卡牌也是可以結合為牌組來使用的。比方說除了「行銷技能」以外還有「廣泛的人際網絡」，那麼也有個選項是將他們作為自己的客戶，獨立成為③自由接案的行銷人員。

這裡我們假設人生轉向選擇的是轉職②成為新創企業的行銷人員，那麼就往隔壁前進了一格。這樣一來，那個新格子又有嶄新的經驗在等待著你。舉例來說，或許是在新創企業由零開始催生一個企劃並使其成長，這樣一連串流程相關的經驗。由於那份經驗，就能拿到除了行銷以外的「建立事業相關智慧見識」或者「建立品牌的技術」等卡牌。使用那些卡牌，又能夠前進到另一個新的格子。

這樣一來就能夠**一邊增加手牌，同時不斷在無邊無際的格子之間移動**，這就是人生轉向的概念。

若要將這張圖片用來評估自己的人生轉向，那就先把目前的職業和手上的卡牌寫在正中央的格子裡。旁邊的格子請寫上結合卡牌之後有可能做的嶄新職業可能性（請參考第91頁～第95頁「活用蜂巢地圖」有書寫用的地圖）。另外可以的話，就思考一下旁邊的格子能夠拿到什麼新的卡牌，一起寫進去。將能夠拿到的卡牌再次綜合一下，應該也能判斷兩格後會產生什麼新的職涯選項。反覆進行這個作業感覺可以思考出無限的下一步，不過想得太遠就會變成「計畫」了，很可能無法如意，所以想個兩步左右也就夠了。把現在到兩步後的格子都規劃出幾種可能性以後，就會對於自己之後的人生轉向有比較明確的概念。

圖 2 蜂巢地圖例1～於某企業擔任行銷人員者～

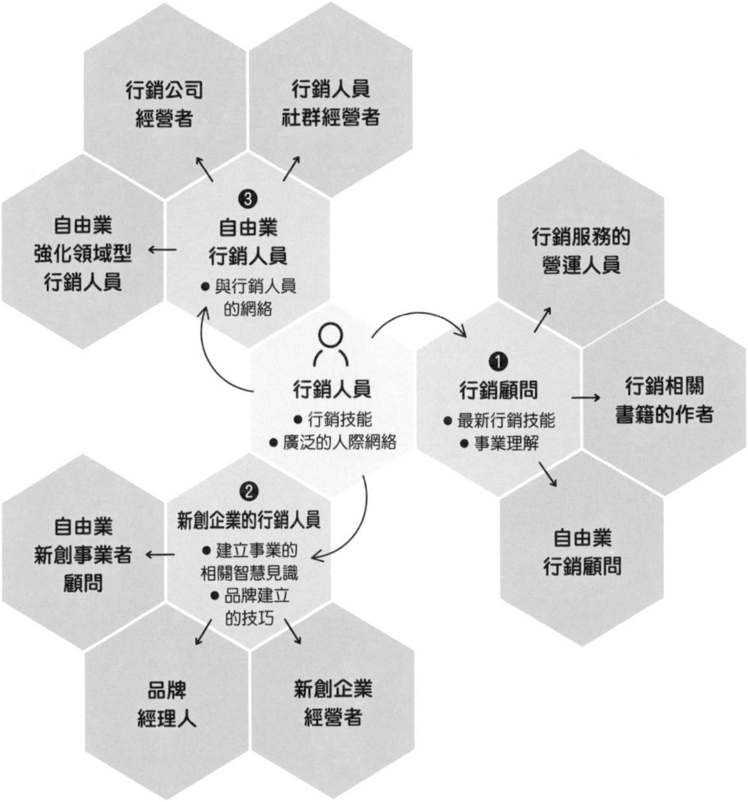

※「●」代表該格子所能得到的卡牌。每前進一格，顏色就會變得更深

可以應用在各種職業

我再介紹幾個具體例子。比方說若是個寫手會是什麼情況？圖3的寫手是職務名稱，當然可以預料應該具備「撰寫文章的技巧」。假設喜歡的東西是「美食」、「運動」，寫這類報導的時候最為開心，這也是一種自我理解。這樣一來，這位寫手的蜂巢地圖如下。

舉例來說他可以活用「撰寫文章的技巧」寫出一篇好的訪談報導，然後①轉職成一位訪談記者。或者他可以強化自己喜愛的領域，進而轉職成②美食記者或③運動記者。所以我們把這些職業寫在目前格子旁邊的那幾格。這時候因為六角形的格子旁邊會有六個空格，如果轉向的可能性只有三個的話，那就如圖那樣把它們隔開。

那麼，若是轉向到①訪談記者的話，在那個格子裡會透過工作磨練「訪談技巧」、並且透過訪談得到「廣泛的人際網絡」。這些新的卡牌就先填在訪談記者的格子當中。將這些卡牌和目前手上的牌結合一下，是否能夠找到現在往將來兩步能

圖 3 蜂巢地圖例2～於某企業擔任寫手～

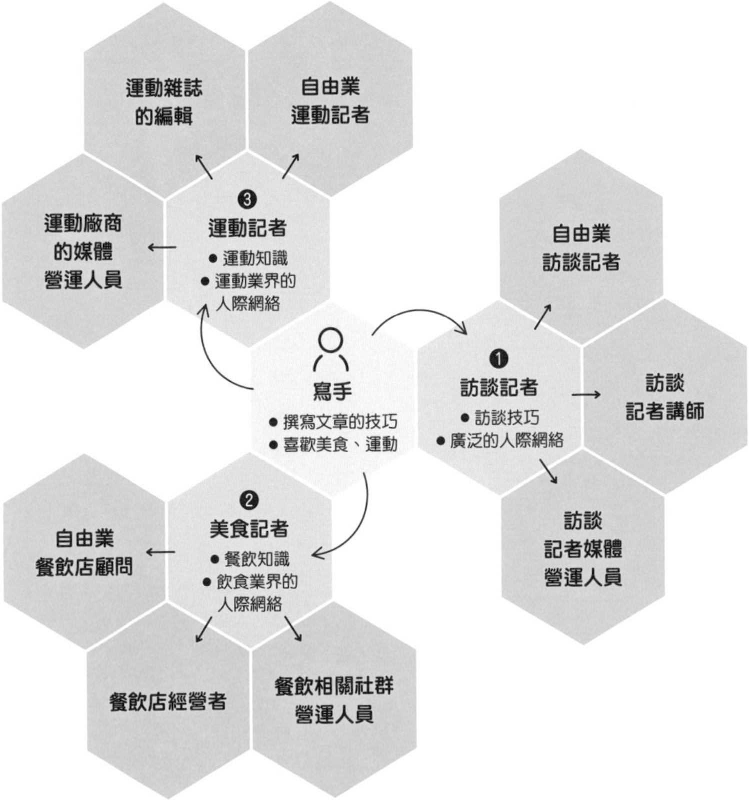

※「●」代表該格子所能得到的卡牌。每前進一格，顏色就會變得更深

夠發展出哪些人生轉向的可能性呢？比方說或許能夠教導他人訪談的技巧，轉職成為一位訪談記者講師。又或者是轉職到經營訪談媒體的企業，成為相關經營人員。甚至若是透過訪談得到廣泛的人際網絡，那麼應該也可以獨立成為自由業的訪談記者。將這些職業可能性填寫在距離當下格子的兩格處。

那麼若是②美食記者呢？在那個格子裡應該能獲得「餐飲知識」和「餐飲界的人際網絡」吧。這些新的卡牌就先填在美食記者的格子當中。將這些卡牌和目前手上的牌結合一下，是否能夠找到現在往將來兩步能夠發展出哪些人生轉向的可能性呢？比方說會對餐飲店變得更加熟悉，能夠明白哪些店家能夠大排長龍、哪些又做不到，或許能夠獨立成為一位自由業餐飲顧問。甚至有可能選擇自己經營，成為餐飲店經營者。另外因為對於美食感興趣的人非常多，也可以經營與美食相關的社群。將這些職業可能性填寫在距離當下格子的兩格處。針對③運動記者也進行一樣的步驟，將職涯可能性填寫在相連的隔壁格。

這樣填寫地圖以後，就能夠了解**自己的人生轉向可以有多麼豐富的選擇**。點（目前的工作）能夠連成線（人生轉向的軌跡），而線聚集在一起則成為面（蜂巢地圖），這樣一來就能夠宏觀思考自己的職涯可能性。既然是一整面地圖，那麼碰上正面偶然的機率當然也比當下職涯單個點要來得高上許多。

自我可能性這種東西，光是放在腦袋裡想像是非常困難的。尤其是工作和身分密切相連的情況下，很難想像不在那個工作崗位上的自己。正因如此，使用這種帶有遊戲感的工具來幻想一下、客觀地去看，對於將跑道轉換的可能性化為實際可見的東西來說非常重要。訣竅就在於**先把實現的可能性放在一邊，只要確認可能性就好**。這就像是在玩桌上型遊戲，讓未來的自己看起來非常有趣。

實際上你並不知道當下所在的格子當中會發生什麼事情、能蓄積哪些經驗，因此必須定期重整這張蜂巢地圖，確認自己是否能夠找到新的人生轉向可能性。

接下來第二章會詳細介紹人生轉向。具體上來說我們應該透過經驗蓄積些什麼東西、從那些東西當中又會找到什麼樣的嶄新可能性，又要如何確實進行人生轉向呢？

第 2 章

三項蓄積
與相鄰可能性

人生轉向的「三項蓄積」

人生轉向是由經驗的「蓄積」以及「偶然」所引發的。在第一章當中我們有稍微提到「蓄積」，但具體來說能夠蓄積哪些東西呢？只要能夠理解，那麼也就很容易觸發人生轉向，也能夠活用偶然。

人生轉向需要的蓄積可分解成下列幾項。分別是**「①能夠提供價值的技術組合」**、**「②寬闊而多樣化的人際網絡」**、**「③經驗提供的真實自我理解」**這三項。這樣寫起來有點長，所以大家就記得①Skillset、②Network、③Self-Understanding的開頭加起來等於「SNS」吧。

接下來我們分開來細看這三項蓄積。

① 能夠提供價值的技術組合

我們透過工作所蓄積的技術組合可是種類繁多，好比說程式設計、撰寫文章、行銷、銷售、企劃等，數也數不完。這樣列出來以後，才能夠認知自己有這些技術組合，也才能夠將它視作人生轉向用的手牌。另外，這種時候浮現心頭的技能，通常都只是我們所擁有的一部分而已。為了要掌握技能組合整體樣貌，就先來了解一下其分類。技能大致上可以分為三類，分別是**技術技能、人際關係技能和概念技能**。這是哈佛大學教授（當時）羅伯特．L．卡茨在一九五五年提倡的概念，目前仍然使用於經營及管理領域方面的理論。

1. 技術技能

聽到技能，大部分的人腦中所浮現的都是技術技能。這是指完成工作的能力，同時為是否能解決課題的能力。有程式設計技能的人就可以當程式設計師、具備撰寫文章能力的人通常擔任有著寫手之名的職位，這是我們最常見的，因此平常提到「技能」的時候通常都是指這類技術技能。要明瞭有哪些技術技能，建議大家可以記錄平常的工作再來回顧。

2. 人際關係技能

相對於技術技能是「針對課題」的技能，「對人」的技能就是人際關係技能了。也就是能夠與工作上接洽的人打造更好的關係、順利溝通等能力。在發揮人際關係技能的時候通常是下意識的，因此請確認自己在對人關係或者溝通方面，和其他人相比是否比較不費力氣。這就是屬於你的強項，也就是人際關係技能。

具體來說有圖4所列出的項目。

3. 概念技能

概念技能指的是使事物抽象化、多方觀察、能夠以邏輯思考又或跳躍式思考，這些將事物化為概念的能力。概念技能通常會結合其他技能一起發揮，因此確

圖 4　主要人際關係技能

溝通	透過對話建立、維持人際關係
傾聽	傾聽對方的話語並加以理解
談判	介於意見或利益關係對立的兩者之間加以協調
領導	率領集團朝共通的目標或目的前進
簡報	將自己的想法及意志傳達給對方 進而使對方理解或接受
指導	給予對方動機、促成對方採取適當行動
引導	以中立立場促成集團對話

認起來比較困難。比方說撰寫邏輯性文章的時候，就會發揮撰寫文章的技術技能、同時也會發揮邏輯化這種概念技能。這時候實際能夠認知的是撰寫文章的技能，因此很難意識到背後還有邏輯化技能存在。

概念技能包含邏輯化（邏輯性思考）、橫向思維（水平思考）、轉折性思維（批判性思考）、多方觀察、彈性、接受度、對知識的好奇心、探究心、應用能力、洞察力、直覺、挑戰精神、俯瞰力、先見性這十四種。

回顧自己的技能

要認知自己有哪些技能，回顧是非常重要的。話雖如此，光憑記憶回顧實在沒什麼可信度，因此最好養成定期回顧的習慣。只要每天留下自己發揮了哪些技能的記錄，就能夠確實掌握自己的技能。如果這樣很困難，那也可以試著定期寫履歷表。

當我還是上班族的時候，每個月一定會更新自己的履歷表。一般人都是在要轉職的時候才會寫履歷表，不過為了確認自己有哪些技能，我也建議大家可以用寫履歷表的方式來清點。而且手邊有最新的履歷表，也就隨時能展開轉職活動。

以下列出用來回顧自己技能的問題集，請定期詢問自己這些問題。

Q. 時間都花費在什麼事情上？那時候都想些什麼？

請先客觀回顧自己都把時間用在哪裡，可以的話就在月曆之類的地方留下自己做了些什麼的紀錄，這樣就會逐漸明白自己有哪些技術技能。另外，做那些事情的時候會留意到什麼？如果思考的是關於人的事情，那就包含人際關係技能；如果想的是抽象的事情，那麼很可能發揮了概念技能。

Q. 做什麼事情的時候得到感謝？為何被感謝？

自己下意識做的事情，有時會獲得他人感謝。這是用來認知自己技能的重要回饋。我在與人閒談的時候得到對方感謝，詢問理由才明白原來他認為自己「透過對話得以理清思緒」，因此我也明白這就是我的技能。順帶一提，這同時發揮了人際關係技能中的傾聽和概念技能中的抽象化。

Q. 與他人相比，哪些事情不覺得辛苦？

自己擅長的事情很自然就能辦好，但有時候會不明白這其實就是某種技能。因此請留心有沒有那種別人做起來很辛苦，但自己卻感覺比較輕鬆的事情。任天堂的前社長岩田聰先生在某次訪談中[※4]曾說過令人印象深刻的話。他表示「自己的勞力意外地受到周遭人的感謝，有人對你的努力成果感到開心，其實就是表示『那正是你擅長的工作呢！』」也就是說，你能輕鬆簡單完成的事情，就是你的技能。

② 寬闊而多樣化的人際網絡

我們透過工作會遇到各式各樣的人，當中有些可能就見這麼一次，但也有些會持續往來、蓄積彼此的信用及信賴，產生關係性。將關係性聚集在一起，便是人際網絡。這不僅限於現在或過去職涯當中一起工作的人，在職場外因溝通而相遇的，一樣屬於人際網絡。但是能夠使用在人生轉向的人際網絡，是要靠時間慢慢成形的，不包含那種只交換了名片的對象。**這是由於人際網絡在人生轉向中扮演的角色，會帶來新資訊或機會，**只交換名片是無法建立那樣的關係。要能產生「告訴那個人這條資訊和機會吧」這種念頭，必須要先有信用和信賴才行。

區分信用與信賴

那麼信用以及信賴又是什麼？能夠了解其相異，會更容易拓展並維持人際網絡。這兩個詞彙雖然非常相似，但有著幾乎相反的性質。英文中的信用是credit、信賴則是trust。這樣一看就能明白一點都不像，似乎可以理解其差異所在。另外回想一下這兩個詞彙的使用方式，應該就更能明白為何說它們是不同的。

※4：4gamer.net「嘉賓任天堂岩田先生給大家的『遊戲玩家應該要以成為經營者為目標！』最後一篇──所謂經營是『事與人』兩者皆列入考量的『最佳化遊戲』」(https://www.4gamer.net/games/999/G999905/20141226033/)

比方說日文當中會說「信賴關係」卻不會說「信用關係」，表示信賴這種關係是雙方面的，但是信用則是成立在單方面的感受。除此之外還有個詞彙是「信用資訊」，但日文並不會說「信賴資訊」。這是因為信用可以根據客觀資訊來判斷、有某個程度的尺規；然而信賴卻非如此，完全代表了主觀的判斷。實際上信用（credit）卡就是根據客觀的信用（credit）資訊來評斷當事者的金錢支付能力才產生的服務。這樣一來應該能夠整理出，所謂**信用是單方面的客觀評價；而信賴則是雙方面的主觀關係**。接下來我們就思考一下，應該如何蓄積信用及信賴。

首先信用是客觀評價，為了要提高評價，就應該持續提供某個價值。可以提供能幫助對方的資訊或機會、介紹其他人等，持續提供這類價值，便能夠蓄積信用。另外這種GIVE能夠讓對方覺得「得回饋一些什麼才行」，這在心理學上稱為「互惠原理」。如此一來，對方自然會提供資訊和機會給你。

另一方面，信賴是主觀的關係。家人之間就算沒有信用資訊，也會互相信賴，因為那是主觀的東西。大猩猩研究的領頭羊——京都大學前總長山極壽一先生曾表示，動物會一起用餐、一起跳舞，以共同作業來達到「身體同步」而產生「共感」來建立信賴關係。確實我們也會在一起工作、一起經手企劃的過程當中，逐步建立信賴關係。

以提供價值的方式來儲存信用資訊；以共同作業來建立信賴關係，就能逐步拓展人際網絡。那麼應該要如何維持這些人際網絡呢？從前人們會寫賀年卡來維持與他人的關係，但是一年只有一次實在不夠，應該有些事情是每天都能做的。我們每天會接觸到各式各樣的資訊，比方說若在解析過那些資訊以後以自己的話語解釋，用郵件或者訊息傳給「應該會對那個人有幫助」的對象如何呢？又或者是遇到有趣的人時，自己提議「介紹給那個人吧」也挺不錯。

我自己每天大概會花兩小時左右吸收資訊，然後把我發現的一些網路新聞用臉書訊息傳給認識的人。當中有些人可能好幾年沒有連絡了，但也可以藉此報告一下近況，這樣一來就能夠繼續傳送有意義的資訊給對方。除此之外，也可以盡量參與公司和家庭以外的社群。這樣或許會有嶄新的相遇，也可以透過共同作業催生新的信賴關係。不過一路蓄積的人際網絡，若是要用的時候沒能想起來，就無法好好活用了。畢竟人的記憶是最不可靠的東西，因此我會活用Trello這個工具來將人際網絡化為清單，可以搜尋姓名、技能和想做的事情等等。

③經驗提供的真實自我理解

我們透過工作能體會各式各樣的情緒及思考，雖然可以若無其事地隨波逐流，但也可以悉心觀察，就能夠**明白自己的喜好和價值觀**。這種自我理解，會成為人生轉向的路標。就算憑藉技能或人際網絡轉換了跑道，若那是個不喜歡或者感受不到意義的工作，能說是成功的人生轉向嗎？為了要讓人生轉到更好的方向，我們必須要了解自己。

一般來說，自我理解會結合幾種不同的觀點。也就是依照記憶進行自我分析、他人回饋、以及檢查資料這三種。這裡說的自我分析，意思就是「試著自己分析自己」。回顧過去的經驗來分析自我，這個步驟也是求職學生會做的事情。但是人能夠留在腦海中的記憶容量並不大，資訊經常會丟三落四。另外也可能遭到美化、或者賦予其某些意義，結果與實際上體驗到的差異甚遠。由於這些理由，我並不建議大家以記憶來進行自我分析。另外他人的回饋也會有一樣的情況，內容很容易反映出自己與對方的關係、還有對方的強烈想法。性格之類的檢查資料，則由於是經過大腦思考才回答的，因此並不一定能夠反映出實際體驗。

那麼我們應該要如何理解自己呢？我最建議的就是**根據經驗，觀察情緒及思考的變化。**

觀察情緒與思考，理解喜好與價值觀

比方說，在工作的時候感覺相當痛苦、完全提不起勁，那麼就有可能是討厭那工作。相反地如果開開心心動手，應該就是喜歡那工作吧。另外，如果心中湧現了憤怒或悲傷，那麼很可能是喜歡的事情遭到阻礙、或者被強迫去做討厭的事情。像這樣對於情緒的變化較為敏感、試著思考「為何我會有這種情緒？」就是自我理解的第一步。如此觀察自己的情緒以後，就能夠逐漸找出自己**感受到喜悅時的共通點、或者覺得難受時的共通點，而這些共同點正是你的喜惡（喜好）**。喜歡思考概念、喜歡與他人議論、喜歡改良業務等等，每個人的喜好都不一樣。

除了情緒以外，也要試著觀察思考的內容。在工作的時候，如果思考的是比自己巨大的存在，那麼在那份工作當中就會感受到意義。為了公司、為了地區、為了社會、為了地球環境等等，如果覺得自己的工作能夠與更大的存在相繫，就能在工作中找到意義。另外，為了其他重要之人做的工作，應該也是有意義的。藉由**將工作中自己認為有意義或者無意義的項目區分開來，也能夠找到共通點，自己的價值觀**

也將更加明確。解決社會課題相當有意義；推別人的行動一把很值得做等，每個人的價值觀都不太一樣。

為了理解自我，必須觀察情緒及思考的內容。回顧一下我在「①能夠提供價值的技術組合」當中所提的事情。記錄自己每天在業務上發揮了什麼樣的技能，同時要記下那時候自己有什麼樣的情緒、思考著哪些事情。就算寫日記很麻煩，那麼一天給自己一次客觀觀察自己的時間也好。每星期、每個月一次也比不做好，但越是憑藉記憶回想，情緒和思考都會變得愈發模糊。

話說回來，為何人生轉向要重視喜好和價值觀呢？這是因為**努力無法贏過熱中**。我們很容易一頭栽入自己覺得喜歡或者有意義的事情，甚至不覺得這需要努力、也能夠持續下去，不知不覺中就能提升自己的技能，埋頭苦幹的時候也會提起別人的興趣，如此一來也能拓展人際網絡。最重要的是，一心一意做下去的職業，能夠讓人感到幸福。為了能讓人生轉向到更好的地方，自我理解是不可或缺的。

以上就是人生轉向的「三項蓄積」：「①能夠提供價值的技術組合」、「②寬闊而多樣化的人際網絡」、「③經驗提供的真實自我理解」的說明。我們透過工作，在面對課題的同時會逐漸蓄積技能組合；面對他人的時候蓄積人際網絡；面對自己來逐步理解自我。這些蓄積卡片可以成為「Dots」來組合在一起，便能夠發生「Connect The Dots」而拓展人生轉向的可能性。既然我們手上持有這些卡牌，應該要如何篩選出可能性呢？為了要評估出更廣泛的可能性，應該要擁有什麼樣的思考模式？為了讓大家能對此更明白，我引進了相鄰可能性這個概念。

圖 5　人生轉向需要的三項蓄積　統整

①能夠提供價值的技術組合

透過工作蓄積的技能。最重要的是定期回顧來掌握

技術技能

- 完成業務的能力
- 解決課題的技能

例）程式設計、撰寫文章

人際關係技能

- 對人技能

例）溝通、傾聽、談判、領導、簡報、指導、引導

概念技能

- 概念化能力
- 大多與其他技能同時發揮

例）邏輯性思考、水平思考、批判性思考、多方觀察、彈性、接受度、對知識的好奇心、探究心、應用能力、洞察力、直覺、挑戰精神、俯瞰力、先見性

②寬闊而多樣化的人際網絡

寬闊而多樣化的人際網絡能夠帶來嶄新資訊與機會

信用（credit）

- 單向而客觀的評價
- 雙方面的主觀關係

例）發出資訊

信賴（trust）

- 提供價值來累積信用資訊
- 共同作業來建立信賴關係

例）參加社群

③經驗提供的真實自我理解

人生轉向的指標。最重要的是定期回顧來掌握

喜好

- 好惡
- 觀察情緒變化

例）喜歡思考概念、喜歡議論

價值觀

- 找出意義
- 觀察思考動作

例）為了社會、為了地球環境

※希望大家能掌握自己的技能組合作為手牌。這些都會成為「Dots」，可能會引發「Connect The Dots」

篩選出你的相鄰可能性

所謂**相鄰可能性**，是美國的理論生物學家斯圖亞特．考夫曼所提倡的思考方式，在企業的新創理論當中也常被一起提到。大家都知道人類是由猿猴進化而來，並非生命誕生前就在地球上的化學物質彷彿使用鍊金術一樣忽然打造出人類。是物質緩緩作用產生胺基酸、核酸等物質，長出眼睛、發展出骨骼，花費長時間反覆進行生命上的轉向（這在英文中也是叫作LIFE PIVOT）之後才出現了猿猴。像這樣**將原有的要素排列組合之後找到的可能性**，斯圖亞特．考夫曼便稱之為相鄰可能性。

將這種相鄰可能性的想法套用在新創概念上來說明智慧型手機的誕生，大約是這樣的。就像人類不會突然出現在世界上一樣，智慧型手機也不是憑空出現的。正因為有通訊、電池小型化、觸控面板等各種技術，結合在一起才打造出智慧型手機。可以說是因為有先前這些技術，才能夠找到智慧型手機這個相鄰可能性。同時若沒有智慧型手機，也不會有許許多多的APP和軟體服務，這表示智慧型手機的誕生讓大家找到更新的相鄰可能性。

第一章當中介紹的**蜂巢地圖裡頭隔壁的格子，正代表了我們的相鄰可能性**。先前透過工作得到「三項蓄積」可以開拓出相鄰可能性，往旁邊一格移動。那麼實際上會以什麼樣的形式找出相鄰可能性呢？我就以最近有增加傾向的某個新職業作為範例來說明這件事情。由於這是先前沒有的職業，因此幾乎所有人都是從其他職業轉過來的，正好用來作為相鄰可能性的例子。

⬡ 圖像紀錄

我經常獲得在活動場合出席的機會，曾經遇見過一位能夠即時整理活動樣貌的人，但他並非文字紀錄人員。除了文字以外，他會活用插畫將整個演講的樣貌及流程紀錄下來。將整個紀錄化為圖像以後，參加者和上台者便能一邊確認流程一邊討論，在活動之後也能作為影像資料分享給大家，讓參加者也能回顧活動。這種擁有以圖像來做紀錄的技術人員便是「圖像紀錄者」，近年來，圖像紀錄者的人數有增加的趨勢。

經常為我的活動做紀錄的圖像紀錄者高田悠奈小姐原先是在負責做簡報資料的部門上班，因此在公司學到傳達資訊的設計方式這種「技術技能」。而且她也覺得那份工作很快樂、察覺自己喜歡結構化，達成「自我理解」。之後湊巧靠她自己的「人際網絡」當中一位活動主辦希望她能負責活動的圖像紀錄，她在做過以後發現非常適合自己且相當投入。這正**可以說是人生轉向三要素「技術技能」、「人際網**

圖 6　圖像紀錄者範例

這是筆者上台時講座的圖像紀錄（插圖：高田悠奈小姐）

絡」、「自我理解」加上偶然才得以實現的相鄰可能性最佳範例之一。

除了像高田小姐這樣本業是製作資料或設計的人以外，也有人原先是活動司儀，為了確保活動秩序而開始進行圖像紀錄，同時投入副業和本業。圖像紀錄者如同此職業名稱所述，重點擺在紀錄的價值上；若是重心放在引導的部分，那就稱為圖像引導者。根據圖像引導者協會的網頁可以知道，這個工作是「將對話（話語）可視化，以求場面活性化及相互理解的技術」。圖像紀錄者和圖像引導者也可以說是彼此的相鄰可能性。為免大家誤會我必須補充一點，這兩者的差異是在於價值重心不同，並沒有哪個職業比較優秀的問題。

社群經營

COVID-19大流行以來，大家實際上見到他人的機會減少了，為了彌補這件事情，開始加入某些社群、甚至自己建立社群的人也逐漸增加。雖然大家到處都會注意是否保持「社交距離」，但其實我們是社交動物。就算身體之間有一定的距離，也希望精神上能夠接觸他人。正因為有這種需求，社群也變得更加繁榮。以前的社群都是自然產生的，地區、血緣或者宗教的社群等等。但是地區社群由於人口減少及高齡化開始衰退；血緣社群也在核心家庭文化下逐漸解體，而日本隸屬於特定宗教社群的人數也有減少的傾向。這種情況下，尋求自己立足之地和角色責任的需求，就催生了人工社群。因此自己建立社群的「社群經營者」也逐漸增加。社群可以小到數人大到數萬人，名人或者SNS上的網紅等建立的社群非常引人注目，但其實在我們周遭那些並不有名的人努力使自己的社群茁壯，這樣的案例也不少見。

我們也會看到有社群主為了經營社群，向社群成員每個月收取會費等，而目前支援這種付款的服務也增加了。另外也有些是社群推出的內容或者活動需要付費。另一方面，社群除了提供價值給個人以外，也可以將其價值提供給企業來獲得收益。比方說接受企業委託案件，由社群成員一起做那件工作（像是新商品的試用宣傳等），也有不少以這種方式向企業收取宣傳費用的社群。

雖然有許多以名人或網紅本人為中心來活化他們自己的社群，但像我們這種並非網紅類型的人，通常會以一個主題建立社群。一般來說主題就是社群主喜歡的東西、事物、價值觀和興趣等。

舉例來說，我自己主辦的「議論飯」就聚集了各種認為議論有其價值的人。除此之外我認識的人所辦的社群「朝涉」的主題是早晨活動；「起始商店街」喜歡營造熱鬧；「軟實驗」是現場影片；「Ablab」是宇宙事業；「Localist Tokyo」則是地方上與東京的交流，主題真的非常五花八門、不勝枚舉。思考看看自己能夠建立什麼樣的社群，也是挺有趣的一件事。

社群非常需要主辦人的熱量，因此一定要依照「自我理解」去選擇社群主題。我想正因為如此，社群也才更加多采多姿。另外，以對話作為工作的顧問、教練、諮詢師等建立社群的案例也不少，這種時候就會活用到對話的「技能組合」。也有一些是活用原先蓄積的「人際關係網絡」使社群成形的。因此社群經營者也是一種能夠以技能組合、人際關係網絡、自我理解這「三項蓄積」找出的某個相鄰可能性。

議論對象

接下來介紹一下我自己的例子。我的職稱之一是「議論對象」，如字面所示，這個工作就是需要議論事情的時候擔任對象的人。主要以新業務為中心，不管是剛起家的公司或者大企業，我負責的就是推動新企劃前進的角色。從二〇一五年起大約五年左右，我以議論對象的身分與一百多間公司一起向前走，而這份工作也是我透過先前工作得到的「三項蓄積」所找出的相鄰可能性。雖然目前還不多，但也已經開始有其他人和我一樣自稱為議論對象，還有一些人用了不同的說法，但是提供非常接近的價值服務。

雖然有各種不同的議論對象，但我自己主要是以曾為新創企業經營者所獲得的「建立事業」這個「技能組合」，以及兩年內擔任一千多人職涯顧問所得到的「以對話明瞭態度變化」這個「技能組合」幫助大家。同時搭配了我喜歡議論這份「自我理解」，因此找出「透過議論來支持經營者、成為推動新事業的議論對象」這個職業的相鄰可能性。我在二〇一五年八月獨立出發的時候，「人際網絡」還沒有那麼廣，因此我養成一個習慣，就是平常午餐每天都要和不一樣的人一起吃。

順帶一提我能成為經營者，也是因為前一份工作有經手新事業的「技能組合」，而在經營者後我會打算成為職涯顧問，則是因為我的「自我理解」當中明白日本就業狀況中，大家傾向於去大企業、新創事業並不受歡迎，這是現在的課題。我**每前進一格就找到新的相鄰可能性，然後前進到下一格**，如此反覆進行著。

「三項蓄積」與科技進步

人生轉向的**「三項蓄積」在與科技加乘以後，相鄰可能性也會增加**。比方說那些參加遊戲大賽得到獎金以及代言資格的遊戲玩家，正可以說是因為遊戲的線上對戰功能充實、遊戲人口增加以後才能夠實現的職業。如果無法進行線上對戰，就沒有那麼多機會可以明白人與人對戰的有趣之處，遊戲人口也不會多到能夠有專家出現吧。那些具有高度反射神經等「技能組合」，同時「自我理解」喜愛遊戲的人，在科技進步下才能夠找到職業遊戲玩家這個職業的相鄰可能性。

另外，由於線上溝通技術發達而產生的職種還有線上推銷。以前講到推銷就是要登門拜訪，但目前線上進行聆聽或者商業談判等無須見面的線上推銷已經變成相當普通的職業。只要有推銷這個「技能組合」，那麼應該也可以轉向成為線上推銷員。相同的，銷售員本來是面對面銷售東西的人，但最近也有愈來愈多人在線上透過直播來賣東西。

同時**科技也可以彌補原先不足的「技能組合」**。比方說使用會計軟體，就不需要會計處理這項「技能組合」。我可以說就是托了這項科技之福，才能當自由業的。如果沒有能夠輕鬆使用的會計軟體，那麼我很可能會在當自由業的時候苦於處理會計問題。

因此科技的進化，也能夠拓展我們的相鄰可能性。輕鬆剪輯影片的服務，或許能讓你成為YouTuber。還有大家都能輕鬆建立EC網站的服務，也可能讓你有成為手作物品作家的選擇。只要世間推出嶄新服務，就請試著思考「這個服務和自己的三項蓄積結合，能不能產生什麼可能性呢？」

活用蜂巢地圖

前面說明了職涯的相鄰可能性，**要將相鄰可能性化為眼可見之物，就要使用第一章介紹的蜂巢地圖。**為了整理自己的相鄰可能性，還請製作一份蜂巢地圖！

蜂巢地圖製作方式

- 在正中間的格子寫下現在的職業，和能夠用來作為「三項蓄積」的卡片。
- 思考卡片組合以後能夠想到的職業並寫在隔壁的格子作為相鄰可能性。
- 想像那些相鄰可能性格子能夠獲得哪些卡片。
- 結合現在的職業及其隔壁相鄰可能性格子的卡片，寫下再往旁邊一格的職業相鄰可能性。

一格再過去的相鄰可能性是三個，而一個相鄰可能性又能發展出三個相鄰可能性的話，那麼從現在的職涯算起，就會填寫共12個格子（參考再次使用的圖7）。

製作好的蜂巢地圖，也可以給其他人看看，以他們的回饋來更新。辦個工作坊活動也很不錯。另外定期檢視也可以重新領悟自己的可能性，如此便不會害怕風險，能從現在的職業積極進行挑戰。

圖7　蜂巢地圖例1～於某企業擔任行銷人員者～（再次使用）

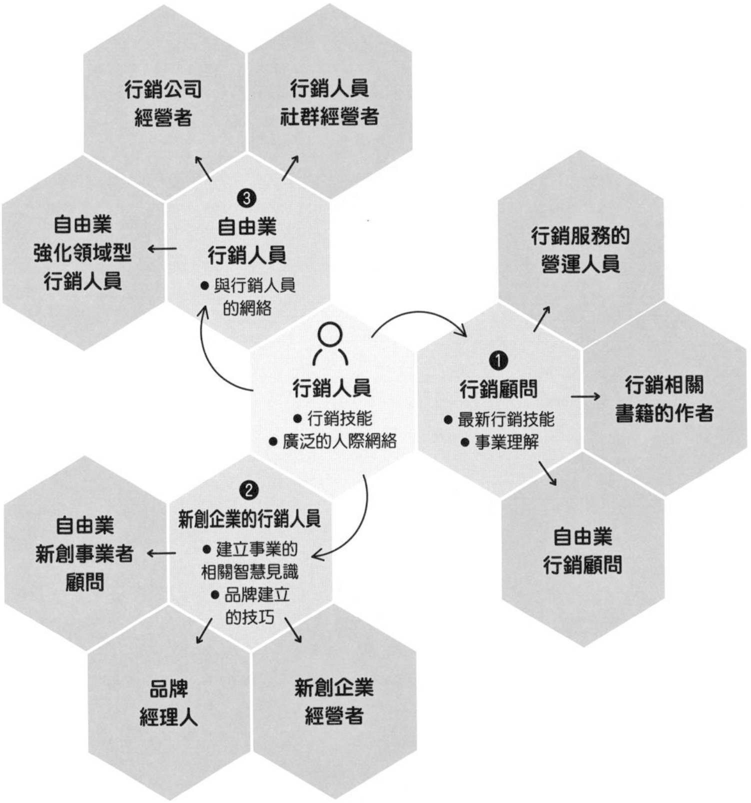

※「●」代表該格子所能得到的卡牌。每前進一格，顏色就會變得更深

圖 8　自己的蜂巢地圖

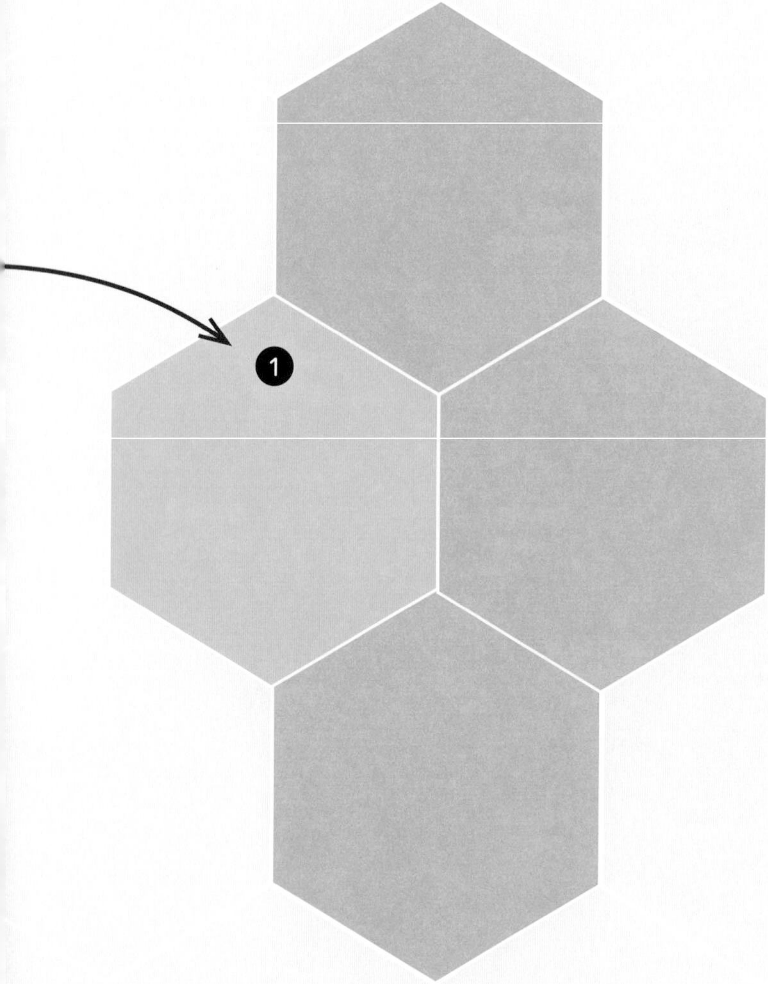

※讀者還請使用本頁填寫自己的相鄰可能性。

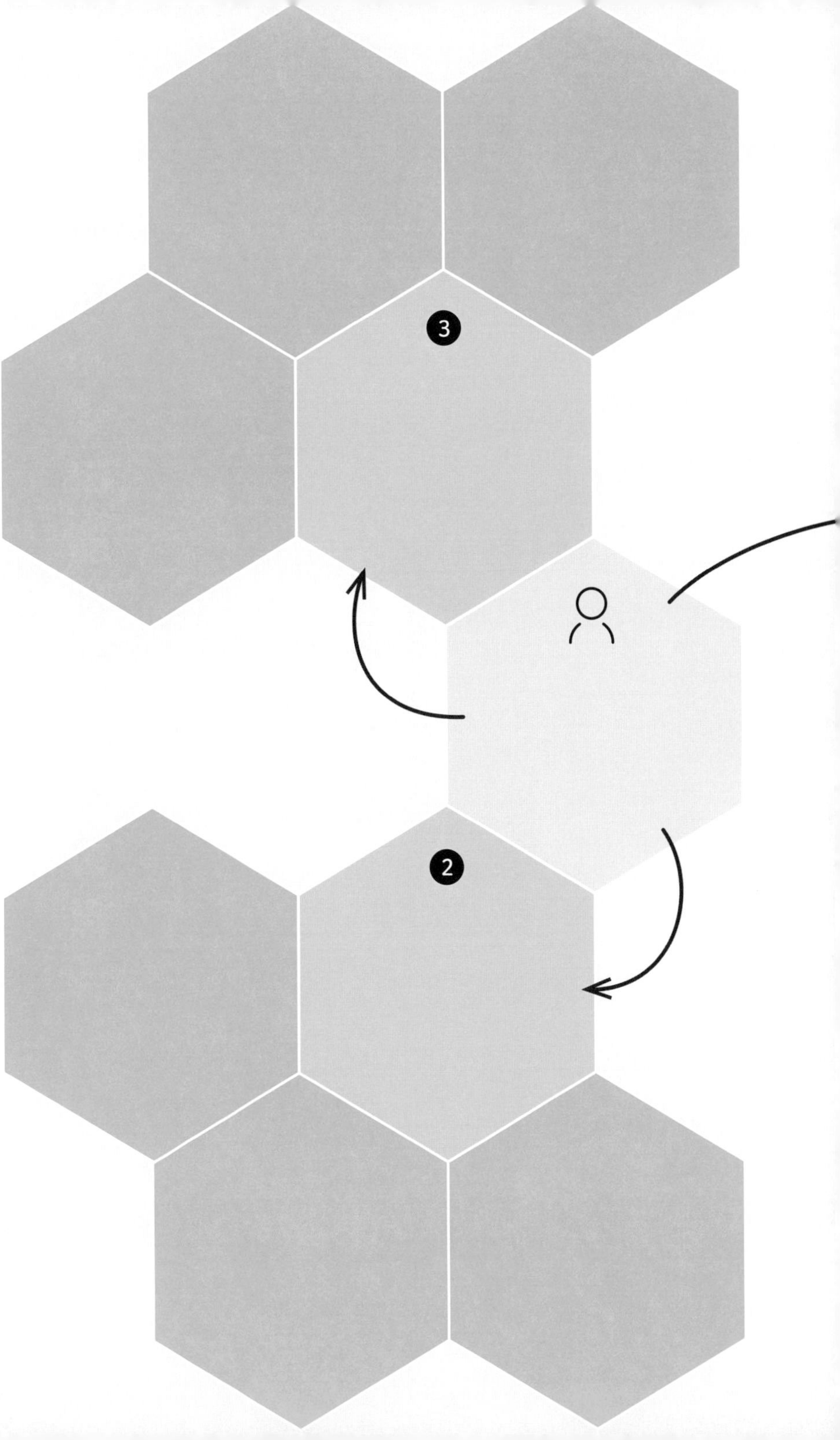
3
2

分析相鄰可能性的三條軸線

在製作蜂巢地圖、篩選出相鄰可能性以後，就必須要從中做出選擇。如果不順利的話，那麼也可以選擇其他的相鄰可能性，但畢竟我們的時間有限，沒辦法隨興嘗試每個選項。因此可以先**列出自己的優先順序來做選擇**。

決定優先順序的方法，已經有前人留下的絕佳智慧。最有名的就是《與成功有約：高效能人士的七個習慣》（中文版由遠見天下文化出版）的作者史蒂芬・柯維所提倡的工作管理法。這個方法會使用「緊急性」與「重要性」來為工作標出優先度。從這個思考模式來說，我們應該可以從「緊急性」和「重要性」都高的相鄰可能性嘗試起。尤其是相鄰可能性當中必須在一定時期或者某個年齡之前才能做的事情，緊急性當然非常高。另外，只要明白什麼事情對自己來說比較重要，那麼就算不緊急，也會在重要性這方面提高其優先度。

Will、Can、Need指引圖

以下我想告訴大家使用「Will」、「Can」、「Need」這三個圓圈打造的指引圖來為相鄰可能性排列優先順序的方式。首先請將三個圓圈配置成如插圖的樣子（圖9）。然後試著用這張圖來看相鄰可能性。

①想做的程度強烈的項目填入「Will」當中，這是重視動機高度、意志強度和價值觀有多符合的指標。通常在「自我理解」之下找出的相鄰可能性，大多會符合「Will」。

②能做到的項目填入「Can」當中。這是重視技能與知識的指標。依照「技能組合」所找出的相鄰可能性，通常也會符合「Can」。

③較為受到他人需要的項目填入「Need」。這個指標是看有關係之人是否希望

你做這項事情、有沒有需求。通常以「人際網絡」找出的相鄰可能性也會符合「Need」。

圖 9　Will、Can、Need文氏圖

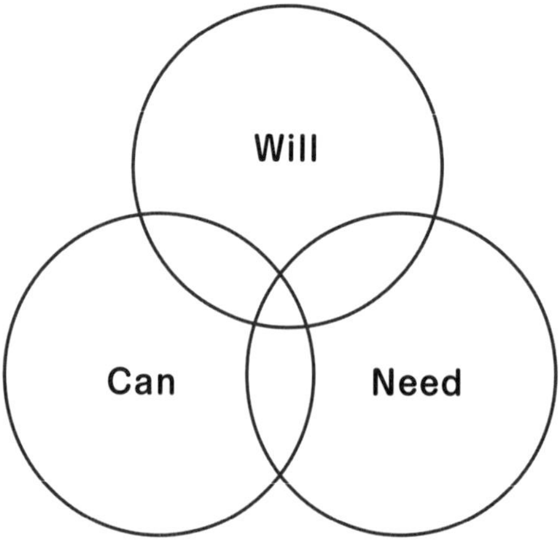

這樣填好了以後，相鄰可能性就會被區分為8種（圖10）。

選擇能夠填寫在比較多圓圈當中的相鄰可能性，應該就能夠輕鬆快樂的賺錢。接下來我們詳細看看8種情況的優先度。

首先像A這種完全沒有進入某個圓圈的相鄰可能性，毫不遲疑就可以直接丟到一邊。做不到、不想做、沒有

圖 10　相鄰可能性8種模式

A：Will → ╳　Can → ╳　Need → ╳

B：Will → ○　Can → ╳　Need → ╳

C：Will → ╳　Can → ○　Need → ╳

D：Will → ╳　Can → ╳　Need → ○

E：Will → ○　Can → ○　Need → ╳

F：Will → ○　Can → ╳　Need → ○

G：Will → ╳　Can → ○　Need → ○

H：Will → ○　Can → ○　Need → ○

需求，這樣一來根本毫無用處。說到底這種相鄰可能性應該不會出現在蜂巢地圖上，因此根本不需要思考。另一方面，只進入一個圓圈的相鄰可能性呢？雖然想做B但是根本做不到、也沒有人需要。雖然做得到C，但是不想做、也沒有人需要。雖然有人需要D，但是不想做也辦不到。這些都太過困難了，當然也就不需要積極去選擇。

若為E路線 就當成興趣開始進行

剩下的才是有評估價值的相鄰可能

圖 11　E路線相鄰可能性

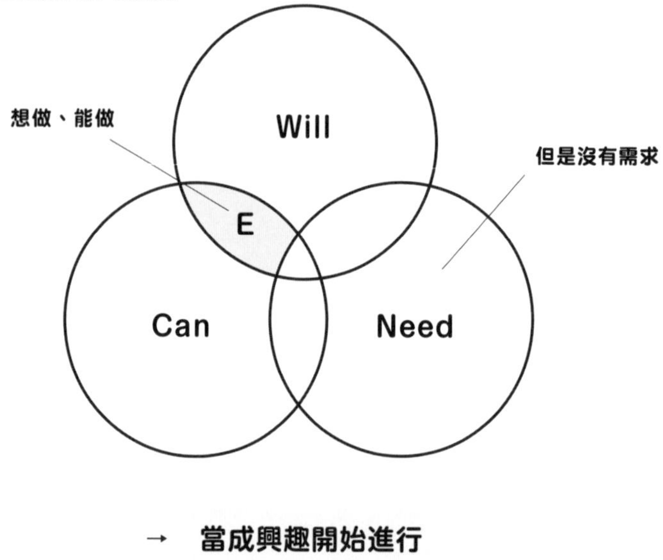

性。想做E而且能做到，但是沒有需求。換句話說，這就是「興趣」（圖11）。比方說，我喜歡玩拼圖也能做到，但這並不符合其他人的需求，所以只是我的興趣。但如果能夠將極為華麗完成的極限拼圖影片提供給想看這種影片的人，那麼這個活動就結果來看就會符合「Need」項目。也就是說像E這種想做而且能做的話可以先當成興趣開始，等到非常熟練以後可以教導別人、或者做為表演來展現，一旦有了需求，就可能會符合三個圓圈。這樣的話當然有試試看的價值。畢竟是興趣，就算結果沒辦法連

圖 12　F路線相鄰可能性

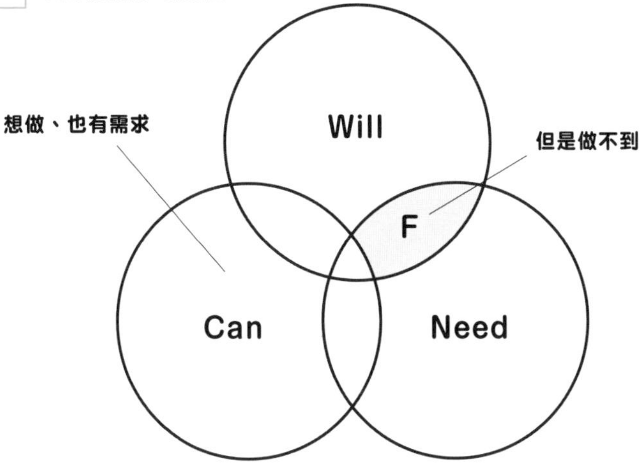

→　**尋找能做到的夥伴**

上人生轉向，那也沒有問題，就輕鬆開始吧。

若為F路線就尋找能做到的夥伴

接下來我們看看F路線。F是自己想做、也有這樣的需求，但是自己辦不到，這可以說是「協工」企劃吧（圖12）。比方說我希望能夠在地方上活用自己的自由業工作、而且也確實有這樣的需求，但我無法自己辦到這件事情，因此就和扎根地方進行活動的人協力工作來達成「Can」這個部分。也就是說若是像F路線這種自己雖然辦不到，但確定有需求的話，那麼就去邀請辦得到的人一起進行即可。在一起工作以後，若是自己也能辦到了，那麼活動的結果就能夠符合「Can」，也就是符合三個圓圈的條件。

在個人時代當中有許多人認為一切事情都得自己攬下責任、什麼事情都得要自己一手包辦。但我們是分工合作才能建立這個社會的，所以你自己的職涯也只要分工就能成立。我雖然不會做菜但想開餐廳，所以曾經租借廚房並且聘用自由業廚師來做菜。要能夠找到這些夥伴，最重要的就是持續發出與自己相關的訊息。如果與人見面，就聊聊這個在F區域當中的相鄰可能性；或者寫部落格、試著在SNS上說說這件事。只要表明這是自己想做的事情，也就是立起大旗，那麼偶然機會造訪的可能性也會提高。

若為G路線就謹記貢獻

接下來看G路線。這條路線是做得到也有需求、但是並不想做（圖13），這只要

圖 13　G路線相鄰可能性

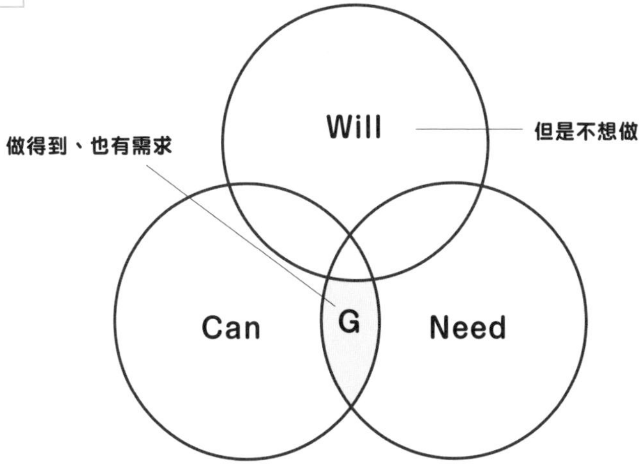

→　**當成貢獻試著去做**

將「貢獻」這點放在心上，就能動手做了。比方對我來說，活動司儀我做得來也有這樣的需求，但其實我並不想做。但是接受委託而實際上去做了以後，受到大家感謝、也發現這件事情對自己的意義，因此轉變為符合「Will」條件的活動。也就是說，像G這樣能做到也有需求的話，就抱持著貢獻的心情為那些有需求的人去做做看，若是覺得有想持續下去，那麼結果上來說就會符合「Will」這個條件，也就符合三個圓圈。如果持續下去也不像是能夠滿足「Will」的話，那不繼續做下去也沒關係。

圖14　H路線相鄰可能性

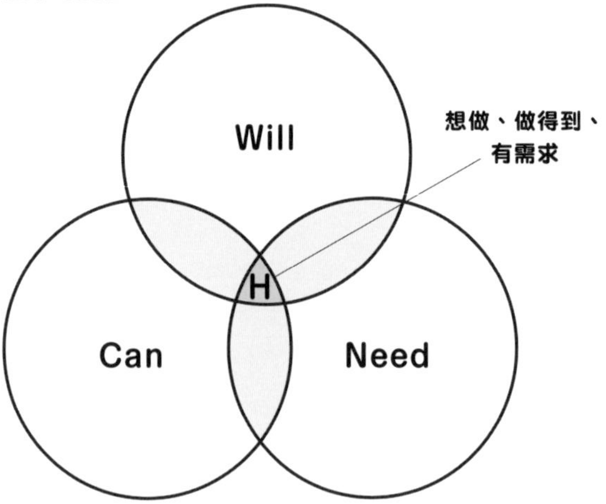

→　只能去做了！

若為H那就做了再說

最後是H的情況，想做、能做而且有此需求，這是非常棒的相鄰可能性（圖14）。一般來說很少會有符合這種情況的選擇，但如果發現了，還請不要迷惘、馬上進行吧。我認為這就是所謂的天職。當然或許實際做了以後才發現其實是E、F、G之中的某一種也是有可能的，但那樣只要跟我前面說的一樣，試著讓它成為三種都符合的工作就行了。無論選擇的是哪種相鄰可能性，最終的目標都是成為H路線。

目前已經說明了此指引圖上所有相鄰可能性的情況。使用這張圖是為了要標出優先順序，優先度高的當然是符合越多條件的相鄰可能性，因此順序是H＞G＞F＞E＞D＞C＞B＞A。G、F、E也都是相當有力的路線，因此可以為這三種也標上優先順序。雖然會因人而異，不過可以試著從「E：當成興趣開始進行」、「F：尋找能做到的夥伴」、「G：當成貢獻去做做看」這三種當中要克服的心理障礙難度比較低的開始。

接下來說明的是實際上如何人生轉向到優先順序較高的相鄰可能性。

試著讓人生轉向

在說明人生轉向的時機和方法以前，有件非常重要的事情：人生轉向並非人生只有一次的特殊事件。人生轉向、往前進一格之後，獲得嶄新經驗又能夠繼續累積「技能組合」、「人際網絡」、「自我理解」這「三項蓄積」。反覆進行人生轉向，而**所有的活動都是為了下一次的人生轉向做的準備**。我們完全不知道下次轉向何時會降臨。可能是三個月後、也可能是三年後。也完全無法預料轉向的契機會是什麼，但其實我們根本不需要去猜測。只要透過工作儲存「三項蓄積」，那麼隨時都能夠找到相鄰可能性。眼前的工作、與他人的連繫，以及始終面對自己，就能夠與未來相繫。相反地，若是渾渾噩噩面對工作，惰於蓄積這些東西，那麼相鄰可能性就會非常少，只能在少許的選項當中選擇職涯。

轉向的時機雖然無法預料，但是契機大致上可分為兩種。也就是負面的和正面的。負面狀況下為了保護自己而進行**「防守路線轉向」**；正面情況下則會為了轉換到更好的職業而採取**「進攻路線轉向」**。另外，花費在轉向上的時間長短，也可以區分為**「俐落轉向」**和**「平穩轉向」**。無論是哪種情況都有好有壞，還請依照自身狀況和喜好來選擇轉向的方式。

①防守路線轉向

防守路線的轉向指的正是為了逃離負面狀況，**保護「三項蓄積」和自己而引發的轉向**。不小心進了黑心企業、不想繼續和討人厭的上司一起工作、工作變得非常無聊等等狀況下，蓄積以及分析「技能組合」、「人際網絡」、「自我理解」的機會便會減少。

如果「三項蓄積」已經遭受威脅，那麼最好還是盡快轉向。不需要忍耐、說什麼不能逃避，逃避本身就是非常好的生存戰略。而且一直待在那個格子裡，別說是拓展相鄰可能性了，只會變得愈來愈狹隘、愈來愈貧乏。下面我針對「三項蓄積」來說明各種負面狀況的例子。「技能組合」遭受威脅的情況，就是無法獲得、也無法學習新的技能，如果在公司裡持續做相同的工作，就會落入這個境地。另外「人際網絡」遭受威脅，則可能是長時間勞動等因素，完全沒有時間能夠遇到新的人、也無法和大家加深彼此間的關係。長時間勞動同時也會剝奪「自我理解」所需要的內省及回顧時間。除了這些狀況以外，在職場上強烈的壓力造成身心失調的情況下，也會威脅「三項蓄積」。原先擁有的技能變得無法發揮如前；連繫不上原有的人際網絡；自我理解傾向負面等等。

如果感覺到工作單調、勞動時間過長、壓力過大等狀況，為了保護「三項蓄積」和你自己，最好還是趕快轉向。當然，轉向之前也可以嘗試看看是否能夠改變現況。如果一直做相同的工作，可以試著向公司提出部門轉調申請，前往能夠獲得及學習新技能的部門；也可以讀些書、排時間參加某些學習性質的社群等。另外勞動時間方面則可與上司商量；與壓力來源保持適當距離、嘗試向周遭表達希望哪些方面能有所改善等。

但若採取了這些行動以後依然無法改善現況，那麼最好乾脆點決定轉向。在自己「三項蓄積」被削減到相鄰可能性全部化為零之前，趕緊轉向、透過新的經驗來重新儲蓄，然後拓展其他相鄰可能性吧。

②進攻路線轉向

進攻路線的轉向，是**在「三項蓄積」順利累積的情況下，轉向到更好的相鄰可能性**。就算不是在必須避免的負面狀況當中，得以選擇事前曾經在蜂巢地圖上評估過的相鄰可能性之絕佳機會可能突然降臨。如同先前我介紹的約翰・D・克倫波茲教授等人所提出的「計畫式偶然性理論」當中提到，職涯有八成是來自偶然，因此偶然會為我們帶來轉向的機會。

順帶一提有理論指出，這類全新的機會經常都是「弱連繫」所帶來的。所謂「弱連繫」是美國社會學家馬克．格蘭諾維特在「The Strength Of Weak Ties」這篇論文當中提出的假說。該論文中提到，有價值的資訊、機會經常不是從家人、朋友、公司同事這類強網絡（強連繫）得到的，而是稍微有點認識之人，屬於弱網絡（弱連繫）帶來的。連繫越強情況下建造出的網絡，由於彼此間性質也相當接近、容易固定化，因此很難得到新的資訊和機會。但若混入了弱連繫，就會從連繫較弱的其他網絡傳來新的資訊和機會。「三項蓄積」當中有「寬闊而多樣化的人際網絡」，而這類人際網絡所帶來的新資訊和機會，正是進攻路線轉向的契機。

進攻路線的轉向和保守路線有所不同，並不是非得改變現況的轉向，因此多半也會有人在當下的職涯以及轉向後的職涯間舉棋不定。這種時候也可以評估是否要平穩轉向。為了說明平穩轉向，我們先說明俐落轉向。

③俐落轉向

如果發現了相當有魅力的相鄰可能性，而踏往該處的偶然又翩翩降臨、對現在的職涯也沒有什麼留戀，這樣的話就能毫不遲疑地做個最棒的轉向。就算不是如此，在需要防守路線轉向時，若長久居於當下職涯並非良策，那麼也是盡快轉向較好。這些情況下**朝著下一格進行不連續轉向，便稱為俐落轉向。**

轉職到新職涯、獨立或者創業，通常都是這類型的轉向。心念一轉，就能在新的格子裡專注於全新活動。但是相較於俐落轉向，近年來也有愈來愈多人是花費較長時間慢慢移動到另一個格子，也就是同時走在複數職涯上來進行平穩轉向。接下來我們就看看也會被稱為多職或者組合型職業的平穩轉向。

④平穩轉向

轉向並不一定是不連續的變化，俐落轉向只是其中一種方式。也可以**慢慢、慢慢地花費幾個月甚至幾年來達成轉向**，這就稱為「平穩轉向」。概念上有點像原先用兩腳支撐體重，慢慢將重心移到其中一邊。以蜂巢地圖來說，就是把棋子放在兩個格子的邊界上吧。

這種方式的話，可以一邊嘗試職涯的相鄰可能性，同時能持續目前的職涯。近年愈來愈多人在正職以外，也會有一兩個副業。做多種工作的狀況便稱為**「多職」**。多職大部分是上班族以業務委託的方式接受其他公司的工作，但若是經營者在建立公司新事業的時候，活用原有技能組合接受顧問或者製作委託來填補企業赤字，也可以算是相同情況。另外也有很多像我這樣的自由業，除了正職的工作以外，還擁有許多不同職稱在活動。最近甚至有上班族在轉職之後還會接受前一個工作公司的業務委託工作。公司除了名下員工以外也會登記一些人才，也就等於認可多職，這樣的行動也推動了平穩轉向。

若是感受到**目前的職涯和轉向後的職涯都相當有魅力，那麼就可以採用平穩轉向來稍微測試看看轉向後的職涯。**如果轉向後的職涯感覺並不順利，那麼只要把跨出的一步收回、退到原先的格子裡就行了。平穩轉向比俐落轉向來得容易跨出一步，正是其優點。

多職實驗相鄰可能性

具體來說花費多少時間才能達成平穩轉向呢？我以行銷人員來舉例。原先在公司上班的行銷人員活用自己的技能開始在線上商店銷售自己經手的企劃（時尚、雜貨、食品等），這是活用行銷這種「技能組合」的人生轉向。但這時候還不需要馬上向公司提辭呈，那是俐落轉向。**平穩轉向不那樣做，而是要試著兩條路線並行。**一邊做著行銷人員這個正職維持收入來源，一邊挑戰副業做網路商店。這樣的話應該就能下定決心去挑戰吧。就算網路商店的銷售並不佳，也能夠慢慢持續下去，如果真的做得太差，那麼也能關閉商店、中止轉向，回到行銷人員這個職涯上。這種可容許的失敗是相當貴重的經驗，可以蓄積「技能組合」，另外若是發現了「這樣的方式沒辦法順利進行」，那麼也可以算是成功了。而且在挑戰的過程當中，很可能會有人協助而增加了「人際網絡」；同時也能夠加深「自我理解」。相反地，若是網路商店成功了，想要全神貫注在那個方向，那就把目前公司的工作切換成業務委託作為副業，然後把網路商店的營運當成正職。又或者是也可以完全脫離目前的公司。

這樣能夠**壓低風險、同時一邊嘗試自己的可能性，依據狀況彈性改變自己踏在兩條船上的重心比例**。從一開始的公司為主（本業）九比一、慢慢轉為八比二、然後是七比三……增加副業的比例，找到一個理想的平衡狀態。有時就算覺得取得平衡，也可能要依當下情況稍微變更姿勢、調整重心比例。這個流程或許會花費幾個月甚至幾年，沒有人知道最後會落在哪個平衡點上。也許會完全移動到下一個格子、也可能回到原先那個格子裡，又或者始終無法固定在某一邊，維持在嘗試取得平衡的情況當中。

我自己在二〇一八年以前，本業是議論對象（占收入八成）而副業是社群經營（占收入兩成），但是歷經平穩轉向以後，目前議論對象（占收入兩成）成了副業，而社群經營（占收入八成）則反轉為本業。另外，最近也增加了「社群經營建議人」和「線上引導者」等副業，重心均衡經常在流動。

平穩轉向的訣竅就是輕鬆去試驗任何相鄰可能性，實際行動以後會有意料之外的發現或者相遇，增加「三項蓄積」以後，選擇那個相鄰可能性也會變得更加容易。這就像是試穿衣服一樣。要選擇俐落轉向到相鄰可能性的話，是要將體重從零馬上切換為十，因此很難輕鬆辦到。而**平穩轉向對於精神上的壓力比較小，因此相當推薦**這種方法。

降低難度的三個訣竅

但是就算有這麼多優點，還是有很多人會遲疑著是否該開始做副業。為了要降低做副業在精神上的難度，以下試著列出三個重點。

1. 不一定要用副業賺錢

因為有「業」這個字，很容易讓人認為本業和副業兩者都必須要賺錢，因而覺得有壓力。但其實只要能確保本業的收入，那麼副業並不一定要賺錢。後面還會提到多職就是結合本業和副業均衡後取得的職涯型態，因此副業就算是沒有收入、或者收入很低，只要能夠獲得金錢以外的東西（技能組合、人際網絡、自我理解等）就有其意義。

2. 可容許的失敗

副業並不一定要成功。就算失敗了，也可以分析為何不順利並且從中學習。只要有所學習，就實驗上來說就是成功的。如果一心想著「不可以失敗」，那就只會讓相鄰可能性變得非常狹隘，這並不是件好事。不過也有必須避免的失敗。也就是什麼事情都沒學到的損失、或者造成再也無法振作的失敗。不要考量能有多少回饋，先從風險比較小的副業開始或許會比較好。

3. 從親近之人開始

要做副業的時候，很多人會覺得不能透過推銷或廣告等方式來推薦自己，所以遲遲無法下定決心開始。但只要能提供價值給親近之人，就不需要擔心這種事情。可以試著與親近之人談話、掌握他們的需求，然後思考有沒有自己能做到的事情。如果自己的相鄰可能性有可能滿足對方的需求，那麼就是開始做副業的機會。若是覺得收錢很尷尬，那就先免費做做看。而且親近的人應該會容許你的失敗。

多職取得「八個報酬」的平衡

在說明平穩轉向的時候，我用「取得平衡」這個方式來表現，但其實要取得什麼平衡，並沒有說得非常清楚。為了要讓這個平衡明確化，我們先談談從工作獲得的報酬。

提到報酬，大家腦中馬上會浮現的是「金錢報酬」，但其實我們進行各種活動所能獲得的報酬，還有許多其它種類的東西。這些報酬的種類除了屬於「三項蓄積」的**「技能組合」、「人際網絡」、「自我理解」以外，我還整理出「正面情緒」、「成就感」、「熱中」、「意義」這四項**，加上一般認知的「金錢」，總共有「八項報酬」。

而「正面情緒」、「成就感」、「熱中」、「意義」是哪些東西呢？其實這些要素是我從積極心理學中借來的概念。相對於早期心理學聚焦在治療精神疾病上，積極心理學的定位是用來讓大家生活得更幸福的心理學。創設積極心理學的是馬丁・賽里格曼博士，整體概念是他在二〇一一年提出的PERMA模型。在此模型中，他將我們要生活得更幸福所需要的因子分類為以下五個。

- **正面情緒（Positive Emotion）**
  開心、喜悅、有趣、感動、感謝這類正面情緒。
- **熱中（Engagement）**
  忘懷時間埋首於某件事情。又稱為場域或者心流。
- **關係性（Relationships）**
  與親近的他人之聯繫及相互理解，並且從中而生的互助關係。
- **意義（Meaning）**
  自己的行為與社會或者世間等某種龐大事物相連。
- **成就感（Accomplishment）**
  達成自己所設立的目標；完成課題。

將所有字的第一個字母結合以後稱為ＰＥＲＭＡ模型。我們透過工作獲得這些報酬，就不會對於反覆轉向的人生感到疲憊，而能夠一直前進。ＰＥＲＭＡ模型當中的關係性（Relationships）包含在「三項蓄積」的「人際網絡」當中，因此我借來ＰＥＲＭＡ模型另外四項要素，同時加上人生轉向的「三項蓄積」以及「金錢」後整理為「八個報酬」。

要從單一職業獲得這「八個報酬」是難上加難。正因如此，同時進行多項職業來取得平衡較為理想。重視哪個報酬會因人而異，因此取得平衡的方式也在所不同。比方說可以將自己重視的報酬當中由本業獲得三個（例：金錢、技能組合、成就感），並由副業中獲得另外三個（自我理解、正面情緒、熱中）這樣去取得平衡。

無論幾歲都能轉向

整理本章所談的內容，便能夠窺見人生轉向的全貌。流程大約是①透過工作經驗儲存「三項蓄積」、②由蓄積篩選出相鄰可能性、③使用「Will」、「Can」、「Need」三軸進行分析、④決定要採取「防守路線」或「進攻路線」；「俐落轉向」或者「平穩轉向（採用副業）」來進行轉向。轉向結束以後再回到①。這一連串①～④的流程，只要繼續工作，就會持續下去。但究竟我們可以這樣人生轉向到幾歲為止呢？我認為這件事情並沒有年齡限制。我們就試著**以不同年代來考量一下人生轉向的戰略**好了。

這裡採用的是《FULL LIFE》（News Picks publishing／二〇二〇年）一書

中石川善樹博士所提出的概念，以四季的比喻來劃分一百年人生。簡單來說就是二十五歲以前是春天、五十歲為止是夏天、七十歲前是秋天、之後到一百歲則是冬天。

二十五歲以前的人生春天會前往學校通學，學習各種事情、初步了解如何工作。這段期間會先獲得基礎的「技能組合」。這個時期的「自我理解」尚未成熟，因此任何事情都可以憑著一股好奇心前去嘗試。之後到五十歲為止的人生夏天，是透過工作來提高自己專業及獨特性的時期。這時候已經身懷許多「技能組合」，工作的幅度也變寬廣、同時「人際網絡」也較寬闊、也有較深的「自我理解」，應該比較能看清自己想做的事情。三項蓄積在此時期應該是最為高昂的時候。接下來到七十五歲為止的人生秋天，由於體力衰減，因此「技能組合」方面的能力可能會跟著下降，但在工作上也已經變得比較輕鬆，因此可以把時間花費來拓展、加深「人際網絡」。進入人生冬天以後依靠的就不是「技能組合」而是「人際網絡」了，因此要在秋天就做好準備。而到了一百歲以前的人生冬天，就能夠活用秋天蓄積好的

「人際網絡」，並且依循「自我理解」繼續做喜歡的事情，為人生做總結。當然我們無法避免身體及認知的衰老，能做的事情相當有限，但現在科技已經到達光靠動動眼球也能輸入文字的階段，想來就算是長年臥床，也能夠和其他人溝通、將自己的想法訊息發送出去。

用這樣的方法，在不同時期儲存人生轉向所需的三項蓄積，那麼一輩子都能夠轉向。對於年老後經濟有所不安的人，或許並不想蓄積這些東西，而希望能夠以金錢來解決一切。但我們正因為有金錢以外的蓄積，才能夠獲得幸福快樂的人生。

第 3 章

為蓄積而做的行動

前篇

從「現在此處」就能開始的人生轉向

先前我們討論的主題是人生轉向所需要的「技能組合」、「人際網絡」、「自我理解」這「三項蓄積」。我想各位讀者當中，或許也會有人非常震驚自己在過往的工作當中完全沒有累積這些東西。**但人生轉向和過去並沒有絕對關係。**無論過去有多漂亮的學歷或履歷，那也只不過是履歷表上看起來很漂亮的標籤。**重要的還是標籤當中的經驗。**從現在開始轉換自己的心態，**好好面對「現在此處」的工作吧。**這樣一來，隨時都能夠站上起點，開始透過工作上的經驗儲蓄「三項蓄積」。

我就舉幾個證明學歷和職涯沒有關係的具體範例吧。

ＧＭＯ網路集團旗下有一百多間上市公司，而其代表取締役會長兼社長熊谷正壽先生在高中肄業後隨即協助父親的公司，二十七歲時獨立創業、三十七歲就讓公司上市了。另外，在亞洲六個都市共有一千五百多名員工、經手企業軟體開發的Sun Asterisk公司代表取締役ＣＥＯ小林泰平先生，也是高中肄業卻三十六歲就做到讓公司上市。還有ＤＭＭ會長龜山敬司先生、ZOZOTOWN創業者前澤友作先生都只有高中畢業。

有這麼多人就算不是大學畢業，一樣能活躍於職場上。高學歷的大學畢業生，不過是代表曾經考過了大學考試。若是之後的大學生活過得渾渾噩噩，那麼和高中畢業的人相比，等於是晚了四年（若是留級可能還更久）才出社會。這樣一來，原先十幾歲到二十幾歲能夠拚死工作、儲存人生轉向用「三項蓄積」的貴重機會也就白白浪費掉。

人生轉向和過去並沒有關係。第一章～第二章當中我也已經告訴大家，在蜂巢地圖的「現在此處」格子裡儲存「三項蓄積」來增加能夠前進的格子，這件事情是非常重要的。

但是無論儲存了多少「三項蓄積」，只靠這些並不一定就能轉向成功。就好像腳上若綁了枷鎖，那麼不管有多想離開也動彈不得，**人生當中自然也會有阻礙轉向實現的因素**。在要實現人生轉向而起身行動之前，最好先了解一下有哪些阻礙因素。也就是三項欠缺：「缺錢」、「缺乏理解」、「缺時間」。

阻礙人生轉向的原因有「三項欠缺」

以車子來說明的話，「技能組合」和「人際網絡」就是用來前進的油門，而「自我理解」則是決定前進方向的方向盤。但若是踩下油門的同時也踩了剎車呢？別說是前進了，還可能因為失控而引發意外。為了實現人生轉向，必須要先解除那些有如剎車的阻礙因素。那麼具體上來說有哪些阻礙因素、又應該如何對應呢？

①缺錢

複習一下第二章當中提到的「八項報酬」。我們能夠由工作得到的報酬是「技能組合」、「人際網絡」、「自我理解」、「正面情緒」、「成就感」、「熱中」、「意義」以及「金錢」。在這幾項當中，金錢和其他七項報酬有著截然不同的特徵。除了過著自給自足生活的人以外，幾乎對所有人來說都是一樣，沒有錢就無法生活。為了經營生活，除了**金錢以外的七項報酬是「有會更好」，但金錢卻是「沒有就不行」**。不管是繳稅、房租、餐費等等，我們在各處都需要花錢。諾貝爾經濟學獎得主丹尼爾．康納曼的研究指出，年收入在一定程度以上之後，幸福度就會變得非常穩定；當然並不是說越有錢就會越幸福，但是有錢可以防止不幸。而且人生選項也會大量增加。

尤其是在人生轉向方面，為了避免短期收入不穩定，最好手邊要有幾個月分的生活費，這樣就能夠毫不猶豫地行動。另外若是為了保護自己不必長時間勞動等而要進行「防守路線轉向」，那就可以不用擔心生活費、直接離開那個工作，然後安下心來再思考下一個相鄰可能性。

壓低支出遠比提高收入簡單，因此要存錢的話，一般就要降低固定費用。另外固定儲存一定金額或者一定比例也很好。如果有伴侶的話，也可以靠伴侶賺取生活費，度過這段收入不穩定的狀況。等到將來伴侶要轉向的時候，自己也會成為支持對方的那個人，這是相互的事情。

話雖如此，人生轉向幾乎都是不必花費金錢成本的，除非是想要開店等這類例外，否則**並不需要存到一大筆錢。如果手頭寬裕到能存大錢的話，還不如將那些錢用來營造時間、打造機會來儲存「三項蓄積」還比較有利。**儲蓄過多金錢反而會造成「使用那些金錢就能夠獲得的經驗就此溜走」這種機會上的損失。錢太少會使選擇也變少，但存太多也是一種浪費。適度儲存金錢就可以了。

② 缺乏理解

日文當中有個說法是「老婆阻礙」。似乎是用來表示原先應該支持自己的伴侶，反對自己進行人生轉向的挑戰。這是非常令人難過的事情，理由並不單純是當事者與伴侶之間的關係有問題，同時也是對於人生轉向的不安。雖然每個案例都不太一樣，不過最重要的是不要情緒化、也不要放棄，請好好與對方**冷靜談談**。透過對話讓對方明白為何需要人生轉向、之後可能會有怎樣的將來，也要彼此談談心中有什麼樣的未來規劃。談論的時候除了人生轉向的優缺點以外，也要談到不轉向的優缺點，這樣才能綜合性下判斷。

為了讓對方理解，需要盡可能的努力。如果對方還是不能理解，那麼也必須要有所覺悟，**最後你還是要自己決定。**因為這是你的人生。有時一開始覺得無法理解，但之後逐漸能夠懂得當時的情況。我以前擔任職涯顧問的時候，曾和想進入新創公司的大學生對談，他遭到父母親反對。遵守父母親的要求比較孝順，還是不顧反對、讓他們看看自己快樂做想做的事情時的樣子比較孝順呢？我和那位大學生一起思考，他最後還是去了自己想去的新創公司，現在他的父母親也能夠理解他的選擇了。就算周遭的人無法理解，最後決定這件事情的還是你自己。

要如何尋求職場上的理解？

另一方面，有時候需要的不是家庭中的理解，而是職場上的理解。比方說想要做副業的時候，必須向公司申請、取得許可的情況。另外就算是申請通過了，若是周遭的人無法諒解，甚至可能會不懷好意地想著「恐怕會把心力都花費在副業上，將正職公司的業務拋在腦後吧」。這也必須在事前就和同事以及上司談過。

在副業當中得到的「技能組合」、「人際網絡」、「自我理解」應該都能活用在本業公司的工作當中。為了讓其他人能夠認同此行為對於公司來說也很有意義，要整理出**副業能夠得到的「三項蓄積」，並且能夠向他人說明自己將如何應用在本業當中。**比方說副業若能拓展新的「人際網絡」，對於公司來說或許能夠得到與新的顧客企業或合作夥伴的機會。另外，大多數人都能在副業獲得推動業務及領導能力等「技能組合」，這當然也可以應用在本業當中。副業所累積的「技能組合」與「人際網絡」，對於公司來說也是有價值的財產。

由於這些觀點，株式會社Enfactory這間公司宣告他們的人才理念是「拒絕專業」。他們每幾個月會開一次會，讓大家向全公司報告自己做了哪些副業，整間公司都沉浸在有副業的環境當中。據說這也是由於優秀的人才只要在外面找到更想做的事情就會離職，允許副業反而能讓這些人容易選擇留在公司。透過副業這種「另類比賽」而使個人能力提升以後，這些員工在公司本業當中也能夠更活躍。

如果向大家說明員工做副業對於公司有哪些優點以後，仍然不被認同，那麼也可以有魄力的告知公司「若是無法許可我進行副業，那麼我也考慮要離職去挑戰」。如果是想避免員工去做副業而離職的情況，公司也就會因此答應。不過這只能用在自己在公司內評價甚佳，是離去後公司會感到困擾的人才。如果沒有公司會阻止你離職的信心，那麼還有其他辦法。也就是平常就要嚴格自我管理。只要有一點容易遲到、事情不會準時做好的傾向，都有可能因為副業而使這些情況惡化。為了讓公司能夠相信你不會為了副業而疏忽本業，請平常就要好好遵守時間和交期，讓公司對你有著自我管理甚佳的印象。

③缺時間

時間是所有人共通的資產，特徵就是每分每秒都在減少。而這份資產用完的時刻，也就是我們死亡的時候。因此**使用時間的方法就和使用自己的生命是一樣的。**但是否有許多人把使用時間的主導權，都交到了別人手上呢？也就是無法好好依希望使用自己的時間，完全無法去做人生轉向需要的行為而渾渾噩噩度日。那麼應該要如何才能夠以自己的雙手掌握使用時間的主導權呢？有個我非常推薦的訣竅。

也就是**把重要的預定先寫到月曆上**這個小技巧。在有人拜託你做什麼事情之前的許久以前，就先在月曆寫上自己想做的事情（與想見的人見面、和家人度過、思考事情）的預定。將優先度較高的預定先填寫到月曆當中，就能夠確保這些時間。其他人拜託的事情，就放在優先度高的預定之間。

有個寓言剛好可以拿來比喻時間的使用方式。假設眼前有個瓶子，要把石頭和沙子裝進去，若是先把沙子都倒進去才裝石頭，石頭一定會裝不下的。但是先把石頭放進去，再倒沙子的話，沙子就會流到石頭的縫隙之間。這個比喻就說明了填寫月曆的技巧。瓶子就是我們的人生，而對於自己來說比較重要的預定正是石頭、那些小預定則是沙子。在小預定填滿自己的人生以前，先把重要的預定都放進去。

如果月曆已經被沙子（無關重要的預定）填滿的話，那就**決定哪些不做、拒絕**就好了。拒絕以後對方或許會感到非常失望，但也不過如此。拒絕事情可能會喪失貴重的機會，但千萬不可忘記，沒有拒絕的話可能會失去開始新事物的機會。集中在自己該做的事情上、做出成果，空下時間然後行動去蓄積人生轉向需要的東西。如果是處在無法拒絕的艱困狀況當中，那就需要「防守路線轉向」。請離開那個地方，保護自己和「三項資產」。**逃避一點都不可恥**，這是為了拓展將來人生轉向可能性的了不起選項。

為蓄積而做的六個行動

只要排除了人生轉向的阻礙因素「三項欠缺」，那麼在進行人生轉向的時候、或者是為此而儲存「三項蓄積」都會變得比較輕鬆。那接下來我們思考一下，具體上來說應該透過哪些行為，才能夠儲存「三項蓄積」呢？只要好好實踐這些行為，就能夠輕鬆自在進行人生轉向，自己操控人生和職涯。其實也可以將「三項蓄積」的「技能組合」、「人際網絡」、「自我理解」都分開來進行，不過將時間打散來做事實在是太浪費了。因此我仔細挑選出**能夠同時儲存「三項蓄積」中兩者以上、能夠一石二鳥甚至三鳥的行動**（圖15）。

這些行動大致上可以區分為「遇見新的人」、「前往新的場所」以及「催生新的

圖 15　為蓄積而做的六個行動

	具即效性	逐漸生效
「遇見新的人」行動	①使用媒合服務	②持續發出訊息
「前往新的場所」行動	③登場／主辦活動	④參加／主辦社群
「催生新的機會」行動	⑤做零工	⑥做付出型工作

機會」這三大類。另外各類型當中還有「具即效性」的行動以及「逐漸生效」的行動兩類。第三章會說明「①使用媒合服務」、「②持續發出訊息」、「③登場／主辦活動」這三項，其餘三項則在第四章進行說明。

為蓄積而做的行動
①使用媒合服務

思維模式

這和用來尋找異性或者情人候補的相親網站不同，目前為了尋求商務或職涯相關聯繫對象而使用「**商務媒合服務**」的人與日漸增。尤其是在COVID-19大流行以後，實際上與人見面的機會減少許多，因此**需要與人相見契機的需求也逐日增加**。過去我們可以參加活動、和相鄰而坐的人意氣相投而結交；請共用工作空間認識的人為我們介紹他人，這類現實上的相遇機會減少了很多。就算沒有這個因素，透過工作能夠遇到的人，在類型上實在相當狹隘，因此一般工作（內勤等）的人也可以活用這類「商務媒合服務」。一般來說，媒合服務是兩者互相表示「希望能夠見面」以後，才能夠取得連絡方式、互傳訊息。在訊息中決定好日期和場所（也可能是線上）以後，再實際見面或者是於線上交談。

在男女往來的相親類服務當中，大家都會認為個人檔案有魅力的話，就會「想見面」對吧？同樣的，商務系媒合服務當中，我們也會依照個人檔案上寫的東西來判斷是否「想見面」。因此最重要的就是**個人檔案上要寫些什麼**。我在商務媒合服務網站Yenta已經約過大概五百人見面，個人檔案也重寫過好幾次，每次我都會確認修改後的反應率，因此逐漸明白什麼樣的個人檔案，媒合率會比較高。

撰寫個人檔案文章的原則

1. 不要太長

如果文章一看就超過智慧型手機整個畫面，大家就不會想讀；因為覺得見了面肯定也是像長舌婦一樣拚命說自己的事情，因此不會覺得「想見面」。

2. 開頭幾句話就要完整

讀了開頭覺得有興趣的人，才會繼續讀後面的內容。開頭最好是寫自己正在做的事情、喜歡的事情還有使用商務媒合服務的目的。

3. 現在比過去重要

與其在個人檔案上寫滿過去的經歷，還不如告訴大家現在的目標是什麼。這樣對方才能夠判斷是否能夠與你一起工作或進行企劃、要不要和你接洽。

4. 寫工作以外的事情

除了本業工作以外，寫一些副業或者其他活動，能夠提起他人更多興趣，這樣看的人覺得「想見面」的可能性也會增加。另外也可以寫點興趣或者家人的事情。

請大家看看實際上我放在Yenta上的個人檔案（圖16），做個參考。

介紹給大家的**個人檔案撰寫原則，和實際上見面時的自我介紹是共通的。**為了精短簡潔、好好表達出你正在做些什麼，媒合服務的個人檔案請細心撰寫。一般來說交換名片的時候會告知彼此隸屬哪個單位與職位，不過這樣是沒辦法連結到關係性的。自我介紹的時候與其說明你「在哪裡」，還不如告訴大家你要「去哪裡」吧。

見新人的理由

話說回來，使用媒合服務見那些沒見過的人，目的又是什麼呢？首先是**為了增加「三項蓄積」當中的「人際網絡」。**媒合服務特別能夠讓大家接觸到其他平常不會遇見的人、或者工作及生活方式完全相異的人，因此能夠大幅拓展「人際網絡」。告知自己將來想做的事情、現在做的事情等，如果對方也有所同感，有時還會介紹其他人給你。不過「人際網絡」只往橫向拓展而沒有深入發展的話，蓄積會有點薄弱，因此後面我們還會談到加深關係的步驟。

圖 16 作者刊載在Yenta上的個人檔案

黑田悠介

我叫黑田悠介，目前是以議論對象及社群設計師維生的自由業者。使用Zoom與各式各樣的人見面！

我是Yenta公認的初期推廣者，希望媒合者都能輕鬆和我在線上對談。

以下稍微做點自我介紹，有興趣的人還請稍加瀏覽一下。

【自我介紹】
我以「議論催生新結合」這樣的活動理念催生全新職業和社群。

①我是以議論對象作為我的維生「職業」，透過1on1的討論，支援大家自行起家或者是大企業的新型事業。

②主辦「社群」議論飯。「議論飯」是一個透過議論平台讓大家積極進行對話的獨特社群。這是個尊重彼此意見和價值觀，一起打造全新靈感及事物看法的實驗場所！透過議論能夠自然與成員連繫，也催生出各式各樣的實驗。
http://www.gironmeshi.net

除此之外，我也是自由業社群「Freelancenow」的發起人，過往也曾經營媒體「文科自由業能維生嗎？」等，以「自由業研究家」身分提升工作方式的多樣化。
http://freelancenow.discussionpartners.net

【略歷大概是這樣的】
東京大學文學部心理學系→新創公司員工×2→創業（公司售出）→諮詢師→自由業研究家→議論對象→社群設計師，職涯是迂迴曲折的立體格狀。

※官方網站→http://www.discussionpartners.net

使用媒合服務的理由當然不只這樣。正因為**對方是平常不太會接觸的類型，因此也能夠提供客觀的意見**，如此也可以推動「自我理解」。大家知道周哈里窗嗎？這是心理學家約瑟・路夫特和哈利・英漢姆在一九九五年提出的概念。這個模型將自我的特性分類為以下「四個窗戶」。

- **開放之窗（Open self）**
自己和他人都明瞭的自我
- **盲點之窗（Behind self）**
自己沒發現但是其他人明瞭的自我
- **祕密之窗（Hidden self）**
其他人不知道但是自己明白的自我
- **未知之窗（Unknown self）**
自己和其他人都不清楚的自我

圖 17 周哈里窗

	自己明白	自己並不明白
其他人明瞭	開放之窗 Open self 自己和他人 都明瞭的自我	盲點之窗 Behind self 自己沒發現 但其他人明瞭的自我
其他人並不知道	祕密之窗 Hidden self 其他人不知道 但是自己明白的自我	未知之窗 Unknown self 自己和其他人 都不清楚的自我

開放之窗和祕密之窗雖然自己都能夠掌握，但是盲點之窗只能由他人指教。使用媒合服務遇到的人直率的回饋，能夠提供盲點之窗當中的資訊。順帶一提，未知之窗的資訊在透過各式各樣的經歷以後可能得以發現，又或者一輩子都不會注意到。由於這樣的情況，因此我們可以透過與其他人見面來加深「自我理解」。

不把這件事情單純當作自己的利益，如果**也為對方的利益**

著想，之後便能轉為信任。媒合服務時談話可能只有十五分鐘或者長達一小時，最好記著要在這短時間之內找出對方正在做的事情、或者想做的事情當中有什麼需求。如果有能幫上忙的感覺就提出來；提供似乎有幫助的資訊；介紹可能會是良緣的人等，如果能做到這些事情，這次見面催生的關係性用來維持「人際網絡」的可能性就會更高。

步驟1　登記媒合服務

首先準備好自己的個人檔案照片和文章。如果沒有檔案照片的話，大家會覺得很可疑、或者認為你的ＩＴ素養很低，所以一定要放。另外，要登錄媒合服務就一定要有個人檔案的文章，因此先準備好會比較簡單。還請參考我前面說的個人檔案文章原則來撰寫。另外，個人檔案文章可以在人生轉向等時期定期更新。我最快每個月都會確認一次自己的檔案文章，重新整理更新過內容。

接下來就用準備好的個人檔案照片和文章登錄媒合服務吧。目前已經有很多媒合服務，大家可以參考「Hello Tech chaos map」（圖18）。chaos map是將某些特定領域的服務或事業單位以類型區分做出的指標圖，這張chaos map當中的服務單位是提供個人使用者能夠於線上與「第一次見面」的個人，稱為「Hello Tech」，由Spready公司整理製表。

非常感謝他們將我所經營的社群議論飯也放在這張圖裡面，但我就不再多做介紹了。以下我會介紹個人經常使用的三個網站。

圖18 「Hello Tech chaos map」二〇二〇年版

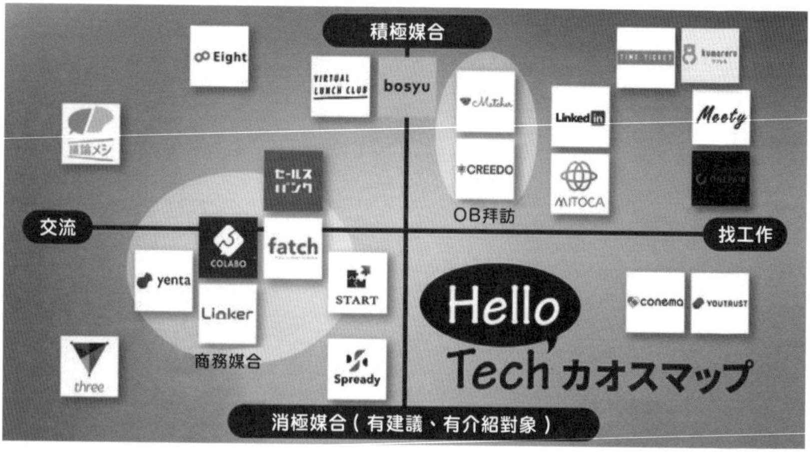

引用：SprEady株式會社發表　二〇二〇年八月二十七日（https://prtimes.jp/main/html/rd/p/000000014.000040560.html）

Yenta

首先是Yenta。這是二〇一六年釋出的媒合APP。累計媒合數已高達三百萬件，是能夠見到五花八門業界之人的相遇APP。不管是轉職、創業、接工作等，**偶然的相遇都能拓展各式各樣的可能性。**只要每天從AI推薦的十位使用者當中，把想見面的人滑到右邊那欄即可。如果雙方都選擇「想見面」而媒合成功的話，就可以和對方互傳訊息。由於這並未經過審查，可以放心使用，每天確認一下程式也能養成簡單的習慣，可以輕鬆持續使用。若提到媒合服務，我首先就會推薦這家。

Bosyu

接下來是Bosyu。這是二〇一八年開始提供的服務，主要是募集人才。任何人都能夠輕鬆打造出一個「我想見這樣的人」的招募網頁，而且這是以投稿到SNS上作為前提製作的系統，相當簡單又好用。不管是需要有人一起吃飯、閒聊，或者是一起讀書的夥伴、還是尋找能夠讓自己提供技能的對象，任何人都能夠招募。這個服務是讓使用者事前決定「自己想見什麼樣的人」，因此和Yenta相比，偶然性會比較低，但是**能夠見到想見類型之人的機率也會比較高。**

虛擬午餐俱樂部

最後要介紹給大家的是虛擬午餐俱樂部。這是二〇二〇年才上線的媒合服務，可以**像吃頓飯一樣輕鬆休閒地進行一對一視訊通話。**不需要使用Zoom之類的工具，只要在該服務內按下按鍵便能夠進行視訊通話。這和等待AI推薦的Yenta或者等待有人申請的Bosyu都不同，可以瀏覽、搜尋許多使用者的個人檔案，自己積極進行申請來媒合對象，是性質較為積極的架構。或許有人覺得這相當困難，但其實系統整體設計得非常時髦，意外地讓人覺得能輕鬆按下按鍵。

前面介紹了Yenta、Bosyu、虛擬午餐俱樂部等我經常使用的服務，除此之外還有各種五花八門的媒合服務，大家可以尋找適合自己使用的。

步驟2 與媒合的人見面

使用服務找到媒合對象以後，就互傳訊息確認要線上或者線下見面吧。或許有的人並不擅長和初次見面的對象談話，因此我稍微說一些**媒合服務下閒聊的訣竅**。首先可以提些「共通的話題」。天氣或氣溫的話題也行，又或是COVID-19、遠端工作等話題也很好。另外詢問對方「最近過得如何？」的效果也不錯。從這種較為大方向的問題、對方容易開口的話題聊起，就能夠比較輕鬆的繼續問下去。**最重要的是先開口詢問對方問題**。先表現出自己對於眼前這個人是有興趣的，對方也就會對你產生興趣、開始問你問題。

這樣一來閒聊就能夠轉化為問題以及回答，反之若是沒有問題，閒聊就會停下來。「天氣真好呢。」「是呀。」這類閒聊感覺很容易隨時停下來，就是因為沒有問問題。若是改為發問，像是「天氣真好呢，你最近有去哪裡嗎？」「最近大概都在家附近散步而已。」「是在工作閒暇之餘換個心情去散步嗎？」「不，我都是晚上出去走走。」「是走路運動呀？最近晚上的氣溫讓人覺得出去走路挺輕鬆呢，但我反而是運動不足……」以這種感覺不斷問下去，話題自然就會持續。閒聊初期**互相詢問問題來打造出關係性**，遠比實際聊天內容來得重要。

在化解緊張以後，就開始自我介紹。有些人因為不習慣媒合服務下的閒聊，因此會提出「那麼我們先自我介紹吧」然後依序自我介紹，其實這樣稍微制式化了一些。比較建議大家詢問「最近通常把時間和腦力花費在哪方面？」這樣就能馬上詢問出對方的主要活動、以及他將興趣重心放在哪些事情上。如果很在意細節經歷的話，只要事前仔細閱讀對方的個人檔案便能補足。另外若在對方的話題當中找到自己的共通點，請告訴對方這件事情。比方說出身地區相同、有著相同的經驗、喜歡一樣的東西等等，光是這樣就能讓對方感到兩人間的關係較深，之後閒聊的時候也比較容易炒熱場子。

會面最後要做的事情

聊得很開心的話，見面時間一下就過了，但是會面最後要做的事情有兩件。一件就是閒聊當中獲得的資訊，如果有**可能促成今後合作的話，要告訴對方這件事**，因為這可能會連結到副業。可以提出自己能夠提供的東西，又或者告知希望對方能夠做什麼。以我來說，我曾告訴見面的人：「如果你有想討論的事情，還請務必跟我說。或者有認識此類需求的人，也可以幫我介紹。」如此一來，就可以連結到我的議論對象這個工作。見面最後要做的另一件事，就是**詢問對方感覺自己是個什麼樣的人**。首先除了感謝對方以外，主動告知自己感受到的對方個性，這樣一來對方應該也會回應相同的事情。如此一來便能夠藉由他人回饋得到「自我理解」。

⬡ 步驟3　養成習慣

畢竟無法事前知道哪一個連結能夠擁有「人際網絡」的意義，因此建議大家使用媒合服務以後，要盡可能與許多人見面。只要養成習慣，就能夠輕鬆持續活用媒合服務。為此首先要確保能夠與人見面的時間。如同我在阻礙人生轉向的「三項欠缺」當中的「③缺時間」項目中說過，如果非常重視與人見面的時間，那麼就先填寫在月曆當中。另外為了要能夠定期活用媒合服務，也可以把確認網站的時間寫在月曆上。**養成習慣與不認識的人見面，很自然就能夠儲存「三項蓄積」。**

在使用媒合服務與人見面以後，養成事後連絡的習慣也很重要。首先要表達感謝，然後提供對方能夠參考的資訊、或者介紹能夠對他有所幫助的人等等。另外如果有主辦聚餐或者活動的機會，招待對方前來，對方可能也會很高興。用這些方法**將單獨一次的見面連結到其他機會**，就是使用媒合服務的重點。如果手頭上比較有空，還可以把見過的人列成清單，這樣如果需要找人的時候，也比較好連絡對方。

圖 19 為蓄積而做的六個行動① 總整理

①使用媒合服務

	具即效性	逐漸生效
「遇見新的人」行動	①使用媒合服務	②持續發出訊息
「前往新的場所」行動	③登場／主辦活動	④參加／主辦社群
「催生新的機會」行動	⑤做零工	⑥做付出型工作

思維模式

- 有效增加「人際網絡」
- 經由盲點之窗加深「自我理解」

步驟1　登記服務

- 好好撰寫個人檔案文章
- 一定要準備個人檔案照片
- 使用符合自己需求的服務

例）Yenta、Bosyu、虛擬午餐俱樂部

步驟2　與人見面

- 提出共通話題、詢問問題
- 最後互相給予回饋

步驟3　養成習慣

- 寫在月曆上
- 事後連絡
- 將見過的人做成清單，方便需要的時候連絡

為蓄積而做的行動
②持續發出訊息

思維模式

最近就算是個人身分也能夠以各式各樣的形式來發出訊息，而且可以使用文字、照片、影像、聲音等，版本也是五花八門。但為何需要發出訊息呢？當然不是要為了成為網紅，只是稍微顯眼一點，很可能會比較好拓展「人際網絡」罷了，非常單純。我們並不是要成為有許多追隨者的網紅，發出訊息是為了就算人數不多，也要**增加能夠認為自己有信用或者願意信賴自己的人。**

在第二章的「人際網絡」一節當中曾經說明，信用可以藉由提供價值來儲存；信賴則是建立在同感之上。因此發訊息有兩個大方針：一個是發出有價值的資訊，讓人覺得你有信用，也就是「幫上忙」。另一個則是持續發出自己的想法、價值觀、以及想做的事情等，「反覆」這些事情讓他人覺得有同感而能夠信賴你。

發訊「幫上忙」

發出訊息來「幫上忙」是什麼意思呢？舉例來說，**發出一些網路上並沒有的訊息**。好比已經有許多人將讀過的書摘以文章或者影片的形式放在網路上了，但那只是單一本書的概要。因此採用「一個企劃人員應該要閱讀的十本書告訴我的事情」這類主題說明好幾本書的概要，這就是網路上還沒有的資訊。這類以嶄新方向切入的資訊整理和發訊甚為有效。另外，實際上去參加活動或者會議的真實報導也是網路上相當缺乏的資訊，這對於無法參加或者想要回顧的人來說都是很有幫助的。此外**還有在國外已經引起討論但在日本國內還不太流通的事物，以日文將此訊息發出**也能幫上忙。以我來說，會自己試著使用國外的服務，然後將使用感想寫出來。如果只發出一些在網路上就能隨意搜尋到、隨處可見的資訊，那就很難有所幫助了。

「反覆」發訊

另一方面，要「反覆」發訊又是什麼意思呢？這不是單純指一再重複相同的話語。是在發出訊息的時候使用各式各樣的話語以及不同表現手法，但是**讓人感受到根本上一貫的思想以及價值觀**。可以針對每天的新聞發表感言、或者寫下對於周遭事物的感觸等，都能夠在深層交織出相同的概念。舉例來說，想要做銷售工作當成副業的人，就寫一些讓人感覺你想做那個副業的文章。每天看到什麼商品，就寫一些「如果是我的話，會想要以這種方式銷售這個商品」之類的解說，很可能就會讓人感受到「這個人有好好在思考銷售的事情呢，感覺很有趣」而深表同感。又或者是設計師可以針對自己平常使用的APP表示「我應該會這樣設計」等，不斷發表一些設計草案。當然這可能無法算是「幫上忙」的發訊內容，但**只要具備一貫性，便能夠容易使人有同感、又或者是讓他人容易記得你**。以我來說，我會將每天感受到的事情當中與溝通相關的東西發表出來，讓其他人覺得「這個人有深刻思考過溝通的事情」而有同感並記得我。

發訊的訣竅

光靠「幫上忙」很容易就會用完點子；但相反地若一再只有「反覆」相同的話語又可能給人主張過於強烈的感受。因此最好能夠**均勻混合這兩種類型的訊息、輪流發出**。發訊的時候除非是公司方針等問題而無法揭露的情況，否則**最好是露臉、用本名發訊**。匿名會造成大家無法將你發出訊息培養出的信用和信賴連結到你本人身上，也就無法構成「人際網絡」功能。另外，本名能夠為你的背景和訊息增添可信度，也更容易讓人產生同感。

發訊相當重要的一點是持續不懈。持續下去才能夠慢慢學習、改善，明白如何發訊能夠幫上其他人的忙，又或者引發其他人的同感。盡可能在各種實驗下進行調整，包含發訊的時機、文字數、說詞等表現手法，以便找出精確發出訊息的方法。持續不斷也能夠累積信用及信賴，這樣才具備「人際網絡」的意義。

等到轉向的時機來臨時，只要發出訊息表示「我正在找副業」、「正在評估要獨立」等訊息，先前建立起來的信用和信賴，就能夠為你帶來副業相關的資訊、或者是獨立後的工作等。

持續做下去也能讓偶然比較容易出現。比方說隨意發出的訊息正好被網紅看到並加以擴散，就突然增加了許多追隨者。又或者是對於自己發出的訊息有興趣之人，可能會提出意想不到的機會。以我來說，在我使用海外創業服務以後撰寫了報導文章，而該創業服務公司的社長正好看到了，之後對方便直接聯絡我工作的事情。發訊一次和發訊一百次相比，顯然後者更加容易遇到偶然事件。讓我們回想一下，在第一章介紹的計畫式偶然性理論的五個行動特性當中，也包含了「持續性」。相對於前面介紹的媒合服務較為重視單一次的見面，在發訊的時候重心則是在持續達成數量，兩者可說是正好相反。

持續發訊當然是很重要，但也有時實在是寫不出來，這種時候建議可以採取**「為單一對象發訊」**。網紅都會盡量對著更多人發出訊息，但不用做到那樣，只為了單一對象發訊也很好。如果認識的人正在煩惱某些事情，那就整理出能夠對他有所幫助的資訊發出來。這樣一來至少能夠獲得那個人的信任。而且某個人的煩惱很可能也是其他許多人的煩惱，結果上來說還是有可能成為能幫上許多人忙的訊息。如果想不到發訊內容的話，可以思考某一個人的狀況，以他作為發訊的對象，這點還請大家記得。

插旗

除了前面說明的「幫上忙」和「反覆」以外，有時候「插旗」也很重要。所謂旗子，正**代表著能夠聚集眾人的想法或意志表徵**。以公司來說就是願景。話雖如此，並不需要是什麼具有社會意義、或者目標是達成某個相當大的野心這種大旗。只要是個小小的聲明，表示出自己想做的事情就行了。插好這種旗子以後，等待其他人看見這支旗子。又或者是也可以告訴其他人「我插下了這種旗，你覺得如何呢？」

這樣一來，**對那支旗子有同感的人就會逐漸聚集在你的周遭，「人際網絡」也會逐漸拓展開來**。另外，自己冷靜的看看那支旗子，也能夠藉此思索那是否真的符合自己、是不是真的在自己想做的事情的延長線上，加深「自我理解」。成為旗子的可能是使出渾身力量撰寫的部落格文章；或者是雲端集資的網頁；也可能只是偶然發的推特發文。

以發訊的頻率來說，大概是「幫上忙」＞「反覆」＞「插旗」這樣的順序。

在習慣這樣發出訊息以後，自己也能夠提升「技能組合」。因為屆時除了發出關於自己的訊息以外，還能夠寫自己相關的企劃或者企業的事情。近來大家發訊幾乎是不管什麼情況下，都會需要「技能組合」，因此這在人生轉向上將成為一張相當好用的手牌。

步驟1　決定發訊主題和場所

我將「幫上忙」、「反覆」和「插旗」三項分類說明，但實際上發訊的時候要使用同一個帳號。如果分類全都是不同的主題，那麼會破壞帳號的一貫性，要傳達的訊息也會難以擴散開來，因此要盡可能有**一貫的主題**，主題可以是和工作相關的事情、又或者是自己有興趣的事物。請選擇一個可以輕鬆持續下去的主題。

發訊主題

以我來說，二〇一五年以自由業身分獨立以後，就想著要以「自由業」作為主題來發訊，因此建立了一個「文科自由業能維生嗎？」部落格。二〇一八年以後就幾乎沒有更新了，但到現在都還是會有人瀏覽那個部落格。內容主要是自由業如何得到案件的方法、應該活用哪些工具等；自由業和企業合作工作的時候有哪些訣竅，我將對這些事情有所幫助的內容整理成文章。無論是在寫哪篇文章，我都會抱持著理念去寫，希望能夠增加自由業活躍的場所、以及提高工作方式的多樣性。我將這些重心以各種方式轉換、重複傳達這些訊息，有時也會插旗告訴大家我建立起這樣的溝通管道等。

靠著這個部落格，我建立起信用與信賴，蓄積了「人際網絡」以後也託人際網絡的福，讓我自由業的工作相當順利。另外也因為這樣的連結，得到了人生轉向的機會。雖然一開始完全沒能得到迴響，但還是逐漸建立起信用與信賴，追隨者慢慢增加以後也會幫我分享到其他地方去，我認為這就是我持續下去才能得到的。

發訊場所

選擇發訊服務的方式，只要是**自己目前正在使用的、或者是周遭的人使用的SNS就可以了**。不需要刻意勉強自己去使用全新的服務。我們的目的並非成為網紅，所以不需要著眼於使用全新服務來成為先行利益者。不過保險起見，我還是幫大家整理一下比較具代表性的幾個服務特徵。首先Facebook不太容易擴散，所以適合用來維持以及強化現有的連結。Twitter的設計上比較容易擴散，因此是很容易產生全新連結、發生偶然的服務，爆紅通常也發生在Twitter上。另外，

Instagram則可以活用#TAG，比較容易連結上具有共通關心事物的使用者。除此之外還有TikTok等影像服務，但這比較不適合用在建立信用和信賴目的上，因此予以割愛。

步驟2 讓發訊成為習慣

持續發訊是非常重要的，重點就在於養成習慣。只要變成一個習慣，之後很自然就不需要依靠努力或者意志力也能持續下去。為此最好在初期階段稍微花點功夫來培養起這個習慣。

打造節奏

要化為習慣，首先需要一定的節奏，請**決定要發訊的時間帶或者是星期幾。**比方說定下一個規則是「每天中午前發出訊息」。如果難以每天發訊，那麼就每週一兩次也行，不需要過於勉強。另外為了不要每次發訊都花太多時間，也可以計時測量。每次計時的話，之後就比較容易預想需要花費的時間。

而預想發訊需要花費的時間，其實有著重要的活用方式。比方說覺得二十分鐘左右可以寫好一篇部落格吧，就會覺得那我努力在十六分鐘內寫好看看。提升難度可以提高集中力，也能夠獲得成就感。這樣經由調整難易度來得到高度表現的狀態，便稱為「心流」。這是由心理學者米哈里・契克森米哈賴所提出的概念，在運動界被稱為「ＺＯＮＥ」，意思大概就是「渾然忘我」的狀態。**在心流狀態下，可以埋首於眼前的事情而感到愉悅。讓自己進入心流狀態，發訊就會從「必須要做的事情」提升至因為非常有趣而「想要做的事情」。**但是難度提升得太高而讓人覺得不安的話，就很難進入ＺＯＮＥ。訣竅就是把難度設定成「盡全力應該可以達成」。以我來說，大概就是花費平常約八成時間來撰寫文章的話，就很容易進入心流狀態。

打開開關

建議可以**將發訊整個流程規劃為儀式**，**和其他事情結合在一起**，就比較容易養成習慣。就像是吃了飯就去刷牙，那麼喝了咖啡就發訊息。以這種方式將不同的行為串在一起，就很自然可以打開開關。這篇文章我是關掉房間照明然後在電視上播放篝火影像邊撰寫的，關掉電燈、播放篝火影片、寫文章，反覆執行這一連串流程以後，我很容易就能夠打開自己執筆的開關。

事先儲存

在「節奏」、「開關」之後，「儲存」也是相當重要的環節。如果想到什麼以後可以發表的事情，**一定要留下筆記儲存起來，之後就從當中挑選可以發表的題目**，這樣寫的時候也會比較順手。畢竟大家每天都會體驗到許多事情，只要覺得當中有「這件事情寫出來應該不錯」的東西，就在忘掉以前先筆記下來。但有時還是會遇到庫存用完了、當下又想不到要發什麼東西的情況，這種時候就別想著要靠自己寫出來，可以和其他人聊聊、去體驗一下其它事情，找到可以發訊的事情然後儲存起來吧。

回顧

另外，最好也**養成發訊之後要回顧的習慣。**確認其他人對於該訊息的反應（如果是Facebook就是看留言或分享、Twitter就是愛心或轉推），才能活用在之後的發訊上。分析一下哪些文章的反應多且良好；沒有的條目差異又在何處。如果是藉由「幫上忙」來提供價值、儲蓄信用的發訊，就必須更能讓人感受到價值；如果是透過「反覆」使人有所同感、用以儲存信賴的發訊，那就要盡量調整成讓他人更有同感的內容。

圖 20 為蓄積而做的六個行動② 總整理

②持續發出訊息

	具即效性	逐漸生效
「遇見新的人」行動	①使用媒合服務	②持續發出訊息
「前往新的場所」行動	③登場／主辦活動	④參加／主辦社群
「催生新的機會」行動	⑤做零工	⑥做付出型工作

思維模式

- 增加信用或者信賴自己的人
- 發出「幫上忙」的訊息獲得信用
- 「反覆」發訊獲得信賴
- 使用「插旗」的訊息表明想法及意志
- 均衡發出「幫上忙」、「反覆」訊息，有時「插旗」

步驟1　決定發訊主題和場所

- 使用共通帳號
- 為三種訊息事前決定好「一貫的主題」

例）自由業、工作方式

- 決定發訊場所

步驟2　養成習慣

- 打造節奏

例）決定時間帶或星期幾、期限等

- 打開開關

例）喝了咖啡就發訊

- 儲存

例）筆記點子、將經驗或對話當中發現的事情記下來

- 回顧

為蓄積而做的行動
③登場／主辦活動

思維模式

其實就算去參加活動，通常也無法得到太多東西。若是名人來賓談話，通常都是他已經寫在著作當中的東西；要遇到新的人，大概也只能和剛好坐在附近的人稍微聊聊、交換名片而已。我想應該很多人參加過這類徒生疲勞的活動。當然，有時也會有很棒的司儀能夠帶出當下才能聽到的話語、或者是打造出讓參加者有進一步認識彼此的機會，但這種人畢竟不多。也有人會在活動上自己到處向別人搭話，但如此八面玲瓏的人畢竟不多。因此漫不經心參加活動，無法成為有效累積「三項蓄積」的行動。

這樣一來，我們應該要如何活用活動呢？我認為並**不應該成為活動的聽眾，而是要「登場」或者是「主辦」**。

我好像聽見有人對我大喊你等等了。想來是覺得「要我自己登場或者主辦活動也太難了吧」對嗎？其實並沒有那回事。不管是上班族、經營者、自由業者或是學生，只要照我接下來告訴你的步驟，每個人都能夠以自己的方式登場或者主辦活動。當然這種行動對於儲蓄「三項蓄積」來說有著絕佳效果。

登場的優點

後面再說明行動的步驟，首先應該思考一下具體來說這麼做有哪些優點。首先是登場，所謂登場指的是能夠**對參加者好好說明自己的想法和經驗**。登場自然能夠增添「技能組合」經驗，而且是足以在各種場合上使用的簡報能力。另外，在登場這種特別場合當中事前準備要傳達的內容時，也會思考自己的事情，考量如何將其化為言語來表現，所以具備「自我理解」的效果。同時在活動登場以後，參加者會認識自己、互相交換名片或者連結SNS帳號等，也能夠成為拓展「人際網絡」的起點。這裡我說是「起點」是由於這個階段還沒有產生信用和信賴。重要的是如同我在「①使用媒合服務」一節中提到的，實際上不管是線下或者線上見面都好，要進行一對一會面，就算見不到也要在事後連絡對方。這樣一來交換名片或者連結SNS才能逐步培育出「人際網絡」。

在活動上登場，同時也能**成為去其他活動登場的契機**。若是有主辦其他活動的人正好來參加，或者是看到有人來參加你登場活動的訊息，也可能會來找你。如此一來，於活動中登場一事本身會成為在其他活動登場的契機，也就能夠持續在各種活動中登場。實際上大家認為「第一次登場活動」的難度很高，所以後面我會再說明具體方法的詳細步驟。

主辦的優點

接下來我們思考一下主辦活動有哪些優點。主辦的優點除了登場能夠獲得的那些優點以外，還會加上「**能夠將自己想見面的人請來活動登場**」。比方說直接見面有一定困難度的名人，若是企劃了一個活動，就有可能請他們來活動現身。就算是要花錢請他們，也可以用參加者的參加費來填補這個部分，應該有很多名人會為了宣傳自己出版的書籍，而希望能在更多人面前有談話的機會。說不定意外地對方會一口答應。另外，主辦活動也可以練就**打造眾人聚集之處這個「技能組合」**。決定活動概念、約好登場者、發出公告，考量當天參加者的滿意度等都屬於這類應用。這類複雜的「技能組合」可以和各式各樣的手牌搭配組合，在人生轉向上會成為非常好用的一張手牌。

另外，登場或主辦活動，也有**加深自己學習**的優點。我下面引用學習模型中的學習金字塔來說明。學習金字塔是學習模型之一，這個金字塔圖是用來表現出各種學習型態的結果能夠讓你實際上學到幾分（學習率）。雖然科學根據上比較薄弱了一

圖21　學習金字塔

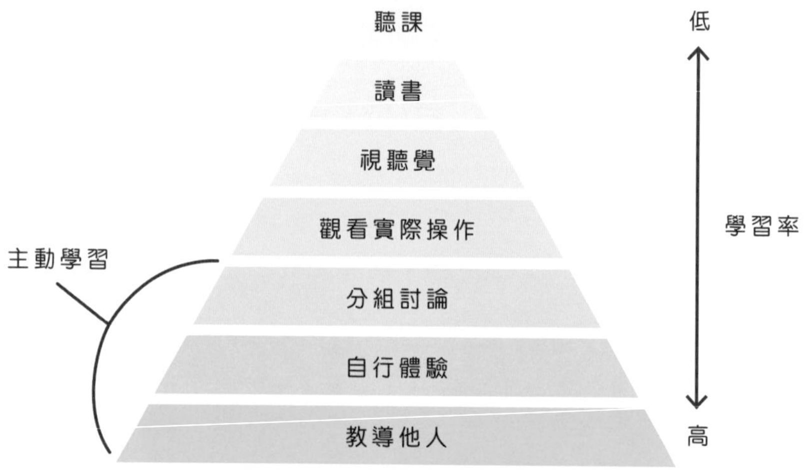

引用：National Training Laboratories "The Learning Pyramid"

點，但這是經常被引用的簡單圖片，所以我也引用給大家看看（圖21）。

依照學習金字塔來說明，我們若採取雙方面積極學習（分組討論、自行體驗、教導他人）的學習率，應該是高於單方面被動學習（聽課、讀書、視聽覺、觀看實際操作），一般會把前者這類學習稱為主動學習。參加活動大多是學習率比較低的「聽課」、「視聽覺」；但若於**活動中登場****或者是主辦活動，那就是「教導**

他人」，可說是學習率較高的學習方式。這樣一來，如果有想要培養出某種「技能組合」，那麼就企劃一個相關活動、打造出教導他人的機會是再好不過。

⬡ 步驟1 與活動主辦者搭上關係

還沒有於活動中登場經驗的人，首先要試著思考如何於活動中登場。要在活動中登場，首先必須要有主辦者有些關係。如果認識的人當中有主辦活動的人，那麼請和他打聲招呼。但想來也有很多人並沒有這樣的「人際網絡」。我在剛獨立之後也是如此，因此接下來要介紹我第一次於活動中登場前採取的行動步驟。

首先要自己決定主題。在「②持續發出訊息」一節當中也提到決定主題是非常重要的，決定好登場要談的主題以後，自我介紹就說自己是「能夠談〇〇的人」。**決定了主題，就尋找那類主題相關的活動**。也可以在Facebook或Peatix之類的網站搜尋活動。當我以自由業作為主題活動的時候，會以「自由業」、「獨立」、「個人事業」這些關鍵字去搜尋活動。關鍵字要多換幾個去搜尋，才能提高找到的可能性。如果沒有想要的主題相關活動，那麼類似主題的活動也可以。就算是過去的活動也行，不管是正要辦的、或者是已經結束的活動，總之是與自己的主題相近的就可以。

找到與自己的主題相近的活動以後，就**找出**活動頁面上記載的**主辦者資訊**。如果有主辦者的ＳＮＳ帳號或者電子郵件信箱等連絡方式，那就試著去聯絡。若是過去曾辦過活動的主辦者，就告訴對方「如果今後再辦相同主題的活動，我希望能夠登場」。另外對於將要舉辦活動的主辦者，則告訴他們「我希望能夠在這個活動中登場」。後者通常已經有足夠的登場者，但還是有可能在下次活動的時候找你。活動主辦者通常也很擔心沒有上台的人，因此不會任意把想要登場的人丟在一邊。和活動主辦者搭上關係以後，就能夠得到出場的機會。實際上是什麼樣的活動，可以在活動當天去參加體會一下，這樣就比較容易有自己登場時的概念。

不過要能被認可足以上台，就需要在「能夠豐富且深入談論此主題」方面讓主辦者覺得能夠接受。因此事前依循主題發訊是極為重要的。主辦者確認過你常態發出的訊息，就能夠判斷你是否符合活動主題。**實踐「②持續發出訊息」也能夠打造出登場的機會。**

步驟 2 站上活動舞台

確定於活動中上台的話，就要思考上台時講些什麼。最好可以針對兩種情形做準備，一種是在一定時間內一個人對著所有參加者談論話題的**簡報式**；另一種則是有多人討論的**會談形式**。習慣了以後在兩種場合下都能夠隨興談話，這樣也比較能夠輕鬆和參加者取得雙向溝通，不過前幾次還是需要準備的。我最初談話也是一字一句都照著腳本念。腳本讀過許多次以後，就能夠自然談話了。

簡報訣竅

那麼實際上應該如何談論哪些事情呢？自由談話幾乎都是隨興開口，因此我們先以比較容易準備的簡報型登台為前提來談論。談話內容最好是依循活動主題，更何況原先就是依照自己的主題去找到活動主辦者才得以上台的。這樣一來，當然是要講自己的主題囉。不過沒有習慣在人前說話的人，可能會對於應該要怎麼說、還有怎麼推演話題都感到很迷惘。因此我要介紹個方法給大家。就是先**試著寫一篇像是在跟人對話的文章**，那篇對話內容就可以直接用來當作簡報資料。

比方說我要簡報的內容是我身為議論對象作為經營者的擊球牆（不一定要回答，只要聆聽對方話語）工作內容。我想像著會和另一個人產生什麼樣的對話，來思考我的談話內容。以下A代表我、B則代表虛構的談話對象。

A：「我是黑田，職業是議論對象。」
B：「議論對象是個什麼樣的工作呢？」
A：「我會和經營者進行討論，支持他們建立新事業之類的。」
B：「光是跟他們討論，就能拿到錢嗎？」
A：「是的，每個月會討論幾次，看時間來領取薪資。」
B：「具體上來說會做哪些事情呢？」
A：「我會聆聽對方說的內容，指出他的盲點、或是解開他思考僵化的部分。」
B：「聽起來好抽象，感覺很難接到這種案件，實際上又是如何呢？」
A：「確實不容易，所以我會請對方實際體驗一次、感受一下有什麼樣的價值，體驗過的人會幫我宣傳，這樣我就會接到其他案子。」

大概是這種感覺，採用對話形式就能夠非常輕鬆整理出簡報內容。如果覺得要想像對話實在過於困難，那麼就和某個人見面聊這件事情然後錄音下來，再根據那次談話製作成資料。這樣一來，就可以一邊解決問題一邊推演話題，聽者很容易將內容聽進腦中，同時簡報也會因為像是在跟活動參加者搭話，而縮短與參加者之間的距離。這樣一來這次上台機會也能連結許多參加者。

步驟3　參與／主辦活動經營

除了在活動中登場以外，也可以更進一步參與活動經營。一個活動大致上有著「企劃」、「吸引客戶」、「當日運作」這三階段。只要曾經參與過活動企劃，就能夠體會到如何才能催生募集客戶的企劃，也就能磨練企劃這個「技能組合」。另外，參與吸引客戶流程中也能體驗如何聚集大眾的發訊及溝通方式，可以磨練行銷及宣傳這些「技能組合」。而參與當日運作的時候，則能夠體驗如何俯瞰全場進行必要介入，可以磨練觀覽大局、引導能力等「技能組合」。另外透過和一起運作活動的人進行共同作業，可以加深彼此的信賴關係，便能拓展「人際網絡」。

除了參與活動運作以外，若想試著更進一步自己主辦運動，也可以先採取共同主辦的方式。邀請認識的人當中那些有著豐富經驗的活動主辦者或主辦單位，試著舉辦自己想做的活動。**只要有人能夠填補「企劃」、「吸引客戶」、「當日運作」當中自己不擅長的部分，那麼任何人都能夠舉辦活動。**如此一來也能夠培養出插好旗子打造一個能讓眾人聚集之處的「技能組合」。當然，活動主辦者在立場上也是最容易連繫參加者的人，因此可以活用這樣的身分建立起與參加者的「人際網絡」。之後或許也會有人向你說「我想要在你的活動中上台」。

●●●

由本章開始會有一些專欄頁面，為大家介紹人生轉向的實踐者。就算他們的職涯是自己模仿不來的工作，也可以分析他們儲存人生轉向的「三項蓄積」上花費的功夫作為自己的參考。

圖 22　為蓄積而做的六個行動③　總整理

③登場／主辦活動

	具即效性	逐漸生效
「遇見新的人」行動	①使用媒合服務	②持續發出訊息
「前往新的場所」行動	③登場／主辦活動	④參加／主辦社群
「催生新的機會」行動	⑤做零工	⑥做付出型工作

思維模式

- 主動參與遠比單純參加來得容易儲存三項蓄積
- 透過教導他人的經驗，加深自己的學習
- 容易請來自己想見的人

步驟1　與主辦者搭上關係

- 和「②持續發出訊息」相同，決定自己能說的主題
- 針對該主題搜尋

例）Facebook、Peatix

步驟2　站上活動舞台

- 活動大致上可區分為簡報型與會談型
- 無論是哪種情況，都可以採用與他人對話的型態來整理文章，製作起資料比較輕鬆

步驟3　參與、主辦活動

- 尋找「企劃」、「吸引客戶」、「當日運作」中自己能夠處理的部分
- 不擅長的部分就尋找共同主辦來互補

專欄

靠著與他人緣分讓人生反覆轉向的輕巧生活方式

押切加奈子小姐在大學時曾學過戲劇，但能夠靠演戲養活自己的人並不多，所以不知該不該走下去。在經過自我分析以後，還是不知道自己想做什麼，結果連相識之人的介紹都回絕了。為了要找到工作只好先前往專科學校，取得日商簿記檢定2級資格。

之後找到工作，在二十幾歲就歷經四間公司，有過各式各樣後台業務工作的經歷。她在這個時期都是以會計「技能組合」為基礎來轉職。轉職以後的契機通常是周遭的「人際網絡」而來的邀請，這時候她就已經具備了來自他人的緣份。由於她對金錢和數字非常敏感、也擅長精細作業，因此長時間以來都是做後台業務工作，或許正因如此，在即將邁入三十歲時，她開始想著「希望能夠做一些會展現自己名字的工作」。

人生轉向實踐者

押切加奈子

Peatix Japan社群經理。BOOK LAB TOKYO前店長。中學時代在視聽課程中受到音樂劇的吸引，雖然深感能夠打造使人興奮的空間這件事情相當有魅力，仍不知該往何處就職。先前往專科學校通學，後來從事後台業務工作。接近三十歲時興起念頭要做自己喜歡的工作。在BOOK LAB TOKYO兼任店長與社群經理，一年經手約三百次活動營運及企劃。為了能夠接觸到更多社群和主辦人，轉職到Peatix。

就在那時，押切小姐看到大學時代的朋友（這是她的「人際網絡」）分享的文章，因此使她的人生大幅轉向。那是在澀谷的書店兼活動場地「BOOK LAB TOKYO」正在募集社群經理的訊息。她馬上去投職面試，對方也認同她的熱情而馬上錄用，她的人生立刻轉向先前根本聽都沒聽過的社群經理。

BOOK LAB TOKYO是位於澀谷道玄坂上一間融合書店、咖啡廳、活動場地的店家，是相當棒的空間。非常遺憾地是店家於二〇二〇年九月劃上休止符，但原先是個早晚經常舉辦活動、使許多人得已相互聯繫之處。詢問押切小姐擔任社群經理時，具體上做了哪些工作？簡單來說就是如果有人詢問是否能舉辦活動，就請對方來店裡觀看空間、並且一起思考企劃。可能會直接舉辦活動，就算對方的企劃沒能實現，也會為店家介紹其他活動主辦人。另外她也經常坐在店裡，和路過店門而走進來的客人聊聊、與前來此處的人們產生連繫。

她透過社群經理的經驗認識了許多活動主辦人、來採訪的媒體相關人員、參加活動的人、咖啡廳的客人等，在自己的周遭建立起「人際網絡」。另外，她在與活動主辦者對談的過程中，若是能夠推動對方實現想法，也會覺得非常高興，因此「自我理解」到自己具備支援體質。由於這樣的體質相當突出，她甚至為了那些不適合BOOK LAB TOKYO的企劃另行尋找其他會場。

此時又有轉機來訪。BOOK LAB TOKYO要將經營媒體的企業轉讓他人，同時先前的店長也要離職了，因此預定買下BOOK LAB TOKYO的公司便詢問押切小姐就任店長的意願。押切小姐表示：「那真的是非常偶然，我並沒有想過要當店長。」雖然在意料之外的情況下成為店長，但她在二十幾歲的時候就做過包含會計在內的許多後台業務，這項已磨練過的「技能組合」再度發揮功效。她能夠確實檢查營運上的數字、錄取員工等人事方面也都能負荷，因此得以順利經營店面。據說她也覺得：「我覺得好像繞了一圈回來，但過去所有的經驗都能夠活用在店長這個工作上。」因此押切小姐獲得了相當好的成果，在成為店長的那一年還得到公司的新人獎。

雖然工作上非常順利，但是押切小姐慢慢覺得「真想要支援更廣泛領域的人和社群」。在BOOK LAB TOKYO磨練活動企劃這項「技能組合」；同時「自我理解」發現自己喜歡精細作業又具備支援體質，因此她開始想要做能夠支援社群的工作。

在這樣的情況下，她正好有機會和公司其他部門的人談話，告知對方自己的希望以後，對方介紹了任職於Peatix這個經營活動、社群管理服務的企業人員。由於BOOK LAB TOKYO也會使用Peatix作為管理工具，所以押切小姐相當有興趣，對方也立刻安排了面談。雙方立即意氣相投，馬上決定轉職過去。帶來佳遇偶然的「人際網絡」並不單存在公司外頭，公司裡也有。押切小姐現在就職於Peatix從事支援社群的工作。她透過先前的經驗獲得「三項蓄積」的「技能組合」、「人際網絡」、「自我理解」條件全都符合她的轉向。透過那份工作，她連繫上觀光協會，同時由於COVID-19的影響，目前正在摸索著如何協助多據點居住以及遷居。另外，先前工作的企業似乎也傳達希望她離職後能夠以副業的形式來協助工作，看來押切小姐的人生轉向還會繼續下去。

回顧過去會發現押切小姐已經歷過很多次人生轉向，但完全沒有使用過轉職網站或者被挖角，完全都是依靠人與人的緣分。拓展「人際網絡」讓偶然接近自己，在自己的周遭和社群及他人之間交織出緣分。人生轉向的形態之一便是這種以「人際網絡」為主的反覆轉向。

專欄

以自我理解及發訊描繪出自我職涯的研究者

岩本友規先生原先就對科技有著強烈興趣，他的第一份工作是硬體企業的銷售員。之後職場上的前輩獨立起家一間軟體IT新創企業邀請他過去，因此轉職。在這兩間公司，他獲得了軟硬體相關智識、以及銷售的「技能組合」。但是第二間公司才半年就倒閉了。他為了學得經營的基礎知識，因此進了研究所修習短期課程。在課程結束後，他選擇進入一間能夠活用這些知識的小規模公司。那是一間販賣線上結帳系統的公司，他在那裡進行銷售的同時還要負責技術支援、同時要包辦會計之類的工作。

持續做這些科技相關的工作，他對於「想打造先進設備」的念頭也更加強烈。他的野心是自己打造出能從手錶型設備出現全身投影、還可以對話的機器。這類野心也是非常重要的「自我理解」。就像是要呼應他的自我理解，

人生轉向實踐者

岩本友規

自中央大學法學部畢業後，歷經三次轉職，三十三歲於手機通訊公司上班期間被診斷出有發育障礙。第二年便於當時的日本聯想公司以高級分析員身分解析資料，同時研究精神性「自立」及獲得「主體性」之流程，為使其概念普及也執筆寫作及演講。二〇一八年起就職明星大學發展支援研究中心的研究員。成人「生活方式」研究所－H life lab負責人。筑波大學人類綜合科學學術院非常任講師。著作有《發育障礙的自我養育方式》(主婦之友社)。

Wilcom（後來的Y!mobile）透過轉職網站詢問他是否有意願做手機通訊公司中開發相關的工作。就是這麼船到橋頭自然直。此時已經是他工作第四年、也是第四間公司，他的轉職速度算是頗快的。

他在Wilcom被分發到採購部門，工作是要採買銷售用的終端機（當時是PHS）。據說他也負責了日本第一支智慧型手機。之後公司將預測終端機大約能銷售多少這類需求預估的工作也交給他，為此他開始進行資料分析。要避免庫存不足、庫存量又不能太高，這件事情就像玩遊戲一樣有趣，他感覺到「自己似乎很適合做這個」。

原先覺得還算順利，但岩本先生在這個職場上由於壓力過大而弄壞身體。在休息十個月左右後回到職場，但不斷重複著休息又回歸的情況。由於如此不穩定，因此主治醫師推薦他嘗試使用ADHD（注意力不足過動症）的治療藥物。他覺得有趣而試著查了一下，發現自己完全符合ADHD的特性。這個特性會造成他在工作上發生錯誤時產生巨大壓力，因此弄壞身體。這當然可以說是相當重要的「自我理解」。之後岩本先生選擇在作業前先深呼吸、客觀看待自己，逐漸能夠配合自己的特性。

在坦然面對自己特性的同時，為了要跨越ADHD的症狀，他打算廢寢忘食埋首於工作當中。

對於岩本先生來說，就是為了Wilcom的需求預測所要做的資料分析。因此他在資料分析這個「技能組合」和「自我理解」的引導下進行轉職活動，最後轉到了第五間公司日本聯想。

岩本先生在那裡得以大展長才，他能夠精密預測需求的才能受到讚賞、獲得公司的個人優秀獎。他本人也開始產生變化，訝異於自己竟能採取主動行為。之後依照這些經歷，他以部落格為主撰寫出自己的經驗。部落格的標題是「發育障礙的『生存方式』研究所」。ADHD是發育障礙當中的一種。他心想這樣能夠幫助那些和過往的自己有一樣生存方式煩惱的人，同時也希望將來能夠進行相關研究，因此訂立了這樣的標題。

這個部落格意外地召集了「人際網絡」。在他開始撰寫部落格幾個月以後，為了學習而前往參加與發育特性相關的活動。偶然在該處遇到了書籍製作人。讓對方瀏覽過先前寫的部落格文章以後，對方表示「請務必讓我出版」，而且馬上著手進行。書籍的標題是「發育障礙的自我養育方式」。由於岩本先生原先撰寫部落格的目的就是「希望將來能夠出版，讓更多人看到」，想當然爾他也非常高興。

在書籍成功出版以後，還有新的展開正等待著岩本先生。讀過該書的明星大學職員連絡上他，希望能夠一起進行研究。部落格的標題都寫著「研究所」了，可見岩本先生原先就希望能有機會好好進行研究活動，因此他當然沒有理由拒絕。由於日本聯想公司允取員工擁有副業，因此他一開始是在明星大學演講、或者在學會上發表研究內容。

當時他的本業是資料分析、副業則是研究相關的內容，此時又有偶然降臨。明星大學向他提出：「目前有研究員職位空了下來，您要不要過來呢？」他正想更進一步研究發育障礙之時聽聞此提議，不禁愕然。但他想著「我的工作或許正是在研究方面」因此離開了日本聯想公司，目前成為明星大學的研究員，勤奮進行研究。

岩本先生由於自我理解而開始持續發出訊息，部落格出版成書籍是他的契機，那本書帶來了研究活動的機會，而那些活動又使他站到研究員的位置。岩本先生的人生就像是串珠一般，他的人生轉向類型，讓我們明白自我理解和發出訊息的重要性。

第4章

為蓄積而做的行動

後篇

為蓄積而做的行動④參加／主辦社群

思維模式

社群可說是五花八門，有些原本就存在地方上的自然社群，而最近存在於線上的人工社群也與日俱增。不管是哪種，加入新的社群都能夠在各方面拓展我們的可能性。尤其是只在「公司」與「家庭」之間往來的人，**若能隸屬於第三個場所，將能有很大的收穫**。人可以在那裡找到自己未曾見過的全新面向、見到不曾見過的人而產生全新的連結。

何謂社群

說到底，社群是什麼呢？和團隊比較一下，應該會比較好理解。這兩者都是人聚集在一起的集團，也就是「群組」。但是從詞彙的使用方式上便能夠看出兩者明確的差異。我們會說「當地社群」卻不會說「當地團隊」；相反地會說「職業足球團隊」卻不可能說「職業足球社群」。從實際使用範例來看，便能夠了解兩者目的差異何在。簡單說來**社群是一種目的朝內的群組；**而團隊則是目的朝外的群組。

比方說，當地社群的目的是成員們互相支持生活，並沒有其他意圖，也就是目的是在群組之內。目的在群組之內的是「社群」，所以才會有「當地社群」。另一方面，職業足球團隊的目的並非每個人踢自己想踢的足球，而是戰勝另一個團隊、讓粉絲們開心。也就是團隊的目的是在群組之外。正因如此，才會叫做「職業足球團隊」。

社群和團隊還有其他差異。團隊會為了達成目的而更替成員，有時也會因達成目的而解散。換句話說，成員是所謂的「手段」。相反地，社群中的成員本身就是「目的」，也就是**成員要在社群當中找到自己的立足之地，或者找到自己應該扮演的角色。**因此社群的成員不會像團隊那樣頻繁更換、也不容易解散。

由於社群具備這樣的特徵，因此優點之一正是能夠長期與其他成員產生關係。長期參加以後，自然能夠拓展「人際網絡」。不過也有時候社群可能制定了結束時期或條件（像是上台者達到一百人就解散的「百人會議」等），又或者因為主辦人員失去熱情、實際上停止活動。因此也不是所有社群活動都能長久持續下去。

社群讓人成為GIVER

撇開那些例外情況，長期存在仍然是一般社群的優點之一，除此之外的優點，就是成員很容易成為GIVER。所謂**GIVER指的是給予他人多於自己所得之人**，比方說不求回報仍聆聽他人困擾；協助活動；幫忙介紹其他人等。GIVER的相反就是TAKER，也就是大多收受而未付出的人，習慣利用別人來增長自己的利益。

讓我們思考一下，人類往來為何會成為GIVER或TAKER的理由。首先，非常短期的往來會讓人成為TAKER。畢竟之後又不會再見到對方，根本不用在意剝削對方造成他的壞印象。因此在那當下，會想要盡可能從對方身上得到多一點東西。旅行者到了國外很容易放肆，正是因為覺得反正不會再見面了。

相反地，如果要和可能會往來很久的人交往呢？這種情況下，和對方建立良好關係比較有利，因此大多數人會成為GIVER。這是由於之後可能要和對方一起做某件事情、說不定對方也會幫自己的忙。鄉下地方經常會互相分享食物，想來一方面也是因為這樣的理由，使人容易成為GIVER。

因此社群會讓人變成GIVER。而與GIVER產生「人際網絡」，就容易獲得有利的資訊和機會，也更容易催生人生轉向需要的偶然。隸屬時間越長，就能儲存越多成員之間的信用與信賴，「人際網絡」也能更深、更強且更廣。實際上我主持的議論飯當中，就有許多人獨立、創業或開始做副業。GIVER之間的連結，也會連結到人生轉向。

成為嘗試副業的機會

若是在社群當中嘗試以新的「技能組合」來進行副業，應該也不錯。比方說想將職涯顧問當成副業，可以先在社群當中尋找願意下此訂單的人（顧客）；或者可以在社群當中公告你正在募集客戶一事。另外若想做個製作影像的副業，也可以在社群活動當中進行拍攝然後編輯，將該影像展示給參加者觀看。

由於社群本來就是彼此支持的場所，因此應該會很歡迎大家從事各種副業。況且若在社群當中失敗，大家也只會覺得挺可愛的，甚至可以試著提供價值，付出給社群成員讓他們收下。**在社群當中進行副業的難度比較低，而且比較容易開始。**在社群內悄悄地更新自己的技能，之後再於SNS等地方廣泛告知自己的副業，用這個步驟來做的話，比較不容易一開始就受到挫折。

連結自我理解

在社群中能夠得到的不是只有「人際網絡」及「技能組合」，由於社群成員五花八門，因此會遇到許多與自己價值觀和思考模式不同的人。或許會覺得哪裡怪怪的，但這種奇異感受其實非常重要，感受到奇異之處，通常就是彼此價值觀不同的地方。比方說有個人批判其他人的意見，如果覺得那個人的言行舉止好像不對勁，那麼就可以明白自己的價值觀是「不可以、也不想批判別人的意見」。

如此一來，在社群當中與五花八門的人接觸，也能夠促成「自我理解」。或許大家會覺得被自己感受怪異的對象包圍，應該會壓力很大吧？但並不需要全部「接受」他人的一切，只要先「承受」就夠了。不要太過緊張，只要想著「原來還有這種人」，就能夠覺得大家的不同也相當有趣。

步驟1 尋找社群

社群的種類五花八門，首先是最貼近自己的地區社群。如果自己居住的區域有活動頻繁的社群，就可以先去參加這類社群。若是沒有這類社群，也可以試著參加跨地區或多地區的地區性社群。最近有「Address」和「Hafh」這類支付定額費用便能居住在各種地區的服務，可以試著使用看看。

另外也有一些社群，就算沒有居住在當地，也能夠線上成為相關人員、參加該社群的活動。比方說「分租街」就是以東京淺草橋、兩國、御徒町、日本橋周邊分租公寓為主，融合線上及線下的地區社群。另外還有「分租村」，只要繳交年會費

NENGU（年貢），就可以成為虛擬村民，這是位於秋田縣、以古民家為中心的社群。成為線上居民以後，就能夠參與地區社群活動。

除了地區社群以外，也有許多興趣或者職業相關的社群。這當然就可以用自己的興趣或者職業當成關鍵字，去搜尋「○○社群」應該就能找到一些。有些社群是以Facebook營運的，因此建議不要只使用Google，也可以在Facebook當中搜尋。

除了地區、興趣、職業以外，也有很多能夠提供獨特體驗的社群，其多樣化幾乎無法分類。這類難以分類的社群也很難搜尋，建議可以在刊載社群的服務網頁當中確認。最具代表性的就是「CAMPFIRE社群」或者「DMM線上沙龍」。可以使用目錄或者關鍵字來尋找符合自己目標的社群。

埠型或網型

社群大致上可以區分為兩種類型，最重要的就是兩種都要參加。就算是同樣的主題，社群類型不同的話，體驗也會大異其趣。社群類型第一種是**「埠型」**，這是**以主辦人或者營運小組為中心（埠），由他們企劃活動或者發出該內容相關訊息**。社群是否熱鬧，會看埠本身的活動。這類社群主要的內容並非成員之間的交流，而是和成為埠的主辦人或營運小組互相交流、或者看他們發出的訊息。因此比較難增加「人際網絡」，但若是埠本身的活動和發訊內容相當有魅力，那麼應該也會是很有價值的體驗。

另外一種社群類型則是**「網型」**，網型社群並**沒有明確的中心（埠），而是由成員各自企劃活動、發出內容相關訊息**。因此成員之間會互相交流，人們便會呈現縱橫交錯（網狀）的連結。所以這是比較容易建構「人際網絡」的社群。另一方面，由於主辦活動和發出訊息的是各式各樣的成員，因此品質上當然多少會有落差。

如果**想要的是「技能組合」相關的資訊，那麼會比較適合「埠型」社群，**若是希**望能夠透過「人際網絡」交流，尋求「自我理解」的話，那麼就適合挑選「網型」**社群。

一般來說如果社群名字會揭露個人姓名的社群大多屬於「埠型」；而使用其他名詞或者動詞的社群則大多是「網型」。不過也有例外，所以很難在加入以前就確定是哪種類型的社群。因此只要對該社群有興趣，那就試著加入、體驗一下。體驗之後才能夠明白其價值何在，如果與自己需要的價值不符，那麼輕鬆離開即可，這種輕鬆之處也是近來社群的優點。

步驟2　參加社群

光是等待，是無法完全活用社群的，請積極尋找自己可以參與的部分。最近的社群有許多會使用Facebook粉絲團、LINE群組或Slack等線上社群來經營，首先要讓大家在線上能夠知道自己的存在。如同我在「①使用媒合服務」一節當中說明的，**要在線上與他人產生接點，自我介紹非常重要。**如果有自我介紹的欄位，那一定要先填寫。若是在其他人的自我介紹當中發現共通點，那也可以留個言。如此讓大家知道自己的存在，一方面是自己能夠安下心來參加社群，另一方面是能夠與此時對自己有興趣的人產生「人際網絡」。

社群當中可以投稿內容或者會舉辦活動，只要不勉強自己的範圍內即可，試著積極點回應；活動也盡可能積極參加。這樣一來就能夠讓主辦人或營運小組，以及其他成員知道自己的存在。若是大家交流愉快，則可能因此推動新的企劃。具體來說可能是企劃共宿或旅行；挑戰企業交付的課題；社群內由零開始開發商品等等各式各樣的企劃。

參加社群儲蓄三項蓄積

參加社群內的企劃有何優點呢？一個是在企劃當中**找到自己全新的角色定位**。有人在公司是「部長」、在家裡是「爸爸」這樣的角色，但在社群的企劃內可以擔任一個全新的角色。失敗也不會影響人事評價，更不需要在意他人目光。請試著挑戰那些從未做過的事情吧。可以自請成為企劃主持人、或者在部落格撰寫企劃相關的文章、或試著擔任開會的司儀。挑戰未曾體驗過的事情，或許能夠學習「技能組合」，同時也能夠發現全新的自己，加深「自我理解」。自己尋求角色定位，能夠與企劃成員產生信賴關係，當然也就能夠拓展「人際網絡」。

以這種方式運作，就算是在規模較大的社群當中，只要能夠找到企劃類的小規模群組，也會比較容易建構「人際網絡」。或許大家會覺得有點意外，但其實社群並不是規模大就好。大家可以想像一下會場裡有一千人的大型宴會，想來一定會不知道該向誰搭話好而踟躕不前吧（尤其是像我這種怕生的人）。但如果是只有五個人的聚餐呢？那就只能跟眼前這些人談話了。雖然在大規模場合當中似乎比較能與各種人連結，但其實**小規模做起來比較輕鬆**。

社群舉辦的活動也是相同情況。參加幾十人~幾百人的大規模活動當然也很有趣，但其實所得不多。還不如去參加不到十個人的場次，或者頂多二十人的活動，更容易建構「人際網絡」。而且活動和企劃一樣，在較少人的面前也比較容易嘗試新的「技能組合」。可以試著做看看沒經驗的圖像紀錄、或者自告奮勇成為司儀。

藉由回應社群中投稿的內容、參加社群舉辦的活動，便能夠逐步儲存人生轉向所需的「三項蓄積」：「技能組合」、「人際網絡」、「自我理解」。

步驟3　參與／主辦社群經營

參加社群的人當中，也有許多人想要參與社群經營。這是由於我在「③登場／主辦活動」一節當中曾經提過的，**作為經營相關者能夠得到的東西會比參加者來得更多。**

雖然說是經營，但不需要想得太困難。盡早回應社群內容也很好，這樣就能夠引起他人的反應、讓社群更熱鬧。或者早點前往活動會場，幫忙現場的前置準備；又或者快手快腳幫忙收拾，其他人也會很高興。**自己先去尋找能夠幫上主辦人或營運小組及成員的事情，這樣便能夠逐漸在社群當中找到定位。**

等到習慣社群活動以後，也可以主動詢問主辦人或營運小組「有沒有我能幫上社群之處呢」。就算當下沒有你能做的事情，等到需要你的時候，就會連絡你。

如果能夠成為協助營運之人，就會**強烈感受到該社群是自己的立足之地。**除了公司及家庭以外擁有立足之地，當然就表示如果工作不順利、又或者是與家人不合的時候，就可以逃到那裡找人商量。同時身為營運人員，投稿相關內容或者企劃一些活動，就能夠建立比身為一名參加者來得更寬廣的「人際網絡」。

由小處開始、持續自我步調

如果覺得自己也能開辦一個，那麼也可以自行建立社群。近年來有許多人能夠活用隸屬於其它社群時期的經驗，建立一個雖小但是由自己開辦的社群。背景也是因為有前面所介紹的「CAMPFIRE社群」這類社群支援服務的存在。

尤其是找不到自己想要的社群時，那麼自己決定喜歡的主題並且建立社群，或許是更好的方法。前面已經介紹過小規模場合的優點，社群並不一定是人多才好。**先從小的開始，慢慢以自己的步調持續下去就好。**

我主辦的社群議論飯，一開始只有八個人而已。雖然人數不多，但大家一直持續做有趣的事情、覺得有意義的事情，社群很自然就逐漸成長、成熟。每個人都不知道會有多少人對於自己有興趣而關心的東西、以及價值觀有所同感，因此在社群初期特別容易覺得焦躁不安。但是有同感的夥伴一位位增加，也是非常有趣的事情。我想正是托如此踏實形成的「人際網絡」之福，我才能夠不斷遇到新的機會以及更多人。若覺得獨自起步過於困難，那麼也可以找其他人一起主辦。又或者也可以選擇在社群當中的小組辦小組活動，可以先和社群主辦人或者營運小組商量。

學習了社群經營甚至主辦的「技能組合」以後，想來也能成為人生轉向的一張好牌。或許能夠建立企業服務相關的社群來提高業績；建立共同工作空間成員社群，也可能為大家增添附加價值。另外可以邀請「①使用媒合服務」、「③登場／主辦活動」中見過的那些人加入社群；運作社群和主辦的經驗也能夠成為「②持續發出訊息」的話題。另外，之後章節中說明的零工和付出型工作對象，也能夠由社群當中尋找。也就是說，**參與或主辦社群運作，是為了所有蓄積而做的行動且有相加相乘的效果。**

圖 23 為蓄積而做的六個行動④ 總整理

④參加／主辦社群

	具即效性	逐漸生效
「遇見新的人」行動	①使用媒合服務	②持續發出訊息
「前往新的場所」行動	③登場／主辦活動	④參加／主辦社群
「催生新的機會」行動	⑤做零工	⑥做付出型工作

思維模式

- 社群是目的在內側的群組
- 目的就是找到立足之地及扮演的角色
- 社群使人成為GIVER
- 容易催生偶然的機會
- 成為嘗試副業的機會
- 與五花八門的人接觸能夠觸發「自我理解」

步驟1 尋找社群

- 尋找周遭的地區社群
- 以多據點居住方式參與社群

例）Address、Hafh

- 線上參與地區

例）分租街、分租村

- 尋求「技能組合」適合埠型
- 尋求「人際網絡」適合網型

步驟2 參加社群

- 積極尋找自己可以參與之處

例）自我介紹、回應內容、參加活動

- 參與企劃內容，找到自己的角色定位
- 小規模社群比較容易建立「人際網絡」

步驟3 參與、主辦活動

- 主動參與較容易儲存三項蓄積
- 活用社群支援服務，由小處開始、持續自我步調

例）CAMPFIRE社群

⑤做零工

為蓄積而做的行動

思維模式

本書當中的零工（gig work），指的是**在線上決定買賣的單次工作**。gig是音樂用語中的俗話，表示只在小舞台上演奏一次。做零工的人也被稱為零工者，很容易被大家跟自由業混淆，所以還是說明一下兩者有何不同。不與特定企業簽長期雇用合約這點，兩者是相同的。但是自由業可能會參與顧客中長期的「企劃」；而零工者則都是單次委託，需要做的是完成幾分鐘到幾小時這種短期的「工作」。自由業當中也有人比較常接短期案，因此很難嚴密區分兩者，不過簡單來說**零工者比較接近「負責有空間時能做的工作」**。

下訂型與出售型

應該有不少人在Uber Eats上點過餐飲外送吧？其實外送員就是零工者的一種。外送員可以用手機APP接受訂單（外送委託），之後前往APP上顯示的店家拿餐點，並且送到下訂此餐點的指定場所（自家或者辦公室等）。只要花幾十分鐘完成這一連串的工作，就會產生報酬。要不要接受訂單完全看當事者自己決定，因此可以在喜歡的時間帶進行短時間的工作。如果是騎車上班的人，也可以在下班的時候去送一趟外送再回家等等。以日本的Uber Eats來說，送一次大約是日幣五百左右，如果一小時送了三趟，那麼大概能夠拿到一千五百元日幣的報酬。

另外還有Timee這個服務在零工者之間也相當熱門。Timee是一個為想在閒暇時間工作的人、和需要人手的店家或公司進行媒合的服務。使用者可以由清單中觀看下訂者店家和企業的要求，如果符合希望時間和條件，就可以申請該零工工作、等待對方接受。之後只要當天去那兒就行了，也不需要事前面試。這些工作包含餐飲店工作人員、事務性作業或者活動工作人員等，最短只要一小時就能做完工作。

Uber Eats或者Timee是**先有下訂者的「要求」，然後零工者可以選擇是否接受，因此是下訂型的零工服務。**

另一方面也有相反流程的零工。也就是**零工者「出售」自己的技能，由買方來委託服務，也就是出售型零工服務。**如果是採用這類服務，會畫肖像畫的人就可以將「描繪你的肖像」這個技能掛上兩萬日幣等自己決定的價格出售。接下來就是等待有買方委託。有時能夠看見「書寫以你為主角的短篇小說」、「建議適合你的時尚打扮」、「打造搞笑短劇或漫才的劇本」等獨特技能出售，也是出售型零工服務的特徵。

零工是大人的KidZania

其實我在二〇一五年剛獨立成為自由業的時候，第一份接到的工作就是來自出售型零工服務之一「Coconala」。我出售的技能標題是「進行iPhone APP、網頁服務測試與評價！篩選改善重點」。其實我出售的服務還有很多種，不過這是最為熱賣的。購買此服務的全都是剛起家的新事業，需要其他人的建議。因此我得以明白新公司會有需要建議的需求，我便開始以出售此技能作為自由業展開活動。也就是可以**同時出售多項技能，來實驗自己擁有的技能當中是否有需求**。

順帶一提，我第一次在Coconala出售的工作報酬是一枚硬幣，也就是日幣五百元。報酬金額當然不高，但我獲得了更多東西。因為反覆做這件工作，我才發現自己相當擅長多方觀察事物並加以議論，也就是觸發了我的「自我理解」。這樣的「自我理解」對於我的職涯有相當大的影響，因此我後來才會自稱為「議論對象」。

由於下訂零工服務的人畢竟是付了錢，因此這種工作的特徵就是他們可能會提供相當率直的回饋。更何況此類服務平台通常也會有評價機制，因此每次工作都能夠刷新自己的「技能組合」。這樣就能夠**一邊嘗試、同時磨練各種技能**。在日本有個讓孩子們能夠體驗各種職業的體驗型設施KidZania，而接零工就像是大人的KidZania。

零工還有個優點，就是能夠**在短時間內測試自己**。可以將公司到回家路上或者回家之後的一小時內，用來做副業。另外一個優點就是原先沒有什麼「人際網絡」的情況下，也能夠活用此類服務。副業最容易受挫的就是在一開始尋找客戶的階段，若是零工的話，只要接訂單或者出售服務即可。就算沒有「人際網絡」也能夠輕鬆開始做零工。如此一來沒有時間、也沒有「人際網絡」的情況下也能加以活用，正是零工的優點。

若是發現了出售的技能和自己很相似的人，也可以試著自己去下訂單。這樣一來就能夠體驗對方的技能並且加以學習，活用來提升自己的「技能組合」。將來想成為自由業的人，也可以先以零工來測試自己。這樣一來就能夠了解身為個人接工作的樂趣、困難、工作報酬的價格帶、與買方之間的溝通訣竅等。

步驟1　嘗試零工決定技術

首先決定要用零工測試哪種技能，同時配合該技能選擇零工服務。技能的選擇方式完全自由，如果想要利用自己已經具備的技能，就能夠透過零工來建立新的「人際網絡」。另一方面，去做看看那些自己還不具備技能的零工，來學習那些技能也不錯。

如果想不到要販售哪種技能，可以去看看那種有各式各樣技能出售的**綜合型技能市場服務**來尋找靈感。技能市場服務是出售五花八門技能的出售型零工服務之一，可以確認有上面有銷售些什麼樣的技能，來評估自己要出售的技能。

由技能市場尋找

以下介紹前面已經提到過的綜合型技能市場服務Coconala。該網站可以登記的技能目錄有二百三十種，銷售件數高達三十萬件以上。包含了設計、網頁製作、影像或音樂製作、燈光等「製作類」以外，還有商務、行銷等「支援類」；時尚、職涯等「商談類」，從商務到私人各種場合遇到的困難都可以在這裡買到相關服務。種類這麼多，總能找到自己可以做的零工吧。大家可以瀏覽Coconala的目錄，尋找自己覺得「這個我似乎能做」的項目。

比Coconala更能輕鬆出售技能的，就是第三章「①使用媒合服務」介紹的Bosyu。Bosyu這個服務雖然是用來募集自己想見的人，但它也備有付款功能，只要使用這個功能，就可以出售自己的技能來做零工。像是「聆聽您的職涯煩惱」、「完全只聽你說話」、「確認您的英語發音」等這類都能夠比Coconala還要輕鬆掛上出售，因此確認一下Bosyu，應該也能比較能夠有自己可出售哪些零工的靈感。

若是技能還不夠成熟呢？

就算零工的優點如此之多，還是會有人因此而感到躊躇。畢竟零工能拿到報酬，因此很多人會覺得不應該嘗試不夠成熟的技能。既然得到報酬，好像就應該要具備一名專家應有的技能程度吧？我認為並不一定需要。當然專家意識也非常重要，但若只是因為「我不具備專家等級的技能」就放棄零工，實在是太可惜了。如果對於技能沒有自信，那只要降低報酬就好。表現出希望能幫上忙的態度，對方就能感受到。一定要自己站上本壘板揮棒，才能夠為技能提供實踐的經驗。在嘗試不成熟技能的同時一邊改善，等到技能提升以後，再考慮將報酬金額拉高到差不多等級就可以了。

步驟2 登記、出售零工服務

根據選擇的技能不同，使用的零工服務也相異。如果有能夠符合自己選擇技能的**專門零工工作服務**，那麼當然要加以活用。比方說「VisasQ」就是特別著重於商務行為的零工服務。如果具備商務上的貴重經驗、業界結構及其動向等相關知識，就能在上面分享然後獲得報酬。「IT」或者「行銷」相關的經驗與知識比較受歡迎，但還是有五百多種目錄可以選擇。

除此之外還有「Street Academy」網頁零工服務則專注於能夠以講座形式教導他人的技能。在這裡可以開設拍照方式、設計思考方式、說話方式等各式各樣學習講座。除此之外還有本書介紹不完的各種專門取向零工服務，還請大家多多搜尋。出售型零工服務有時會稱為「技能分享」，搜尋的時候也可以用這個關鍵字。

如果找不到專門的零工服務，那麼就活用綜合型的零工服務。除了前面介紹的Coconala和Bosyu以外，還有能夠以三十分鐘為單位買賣個人時間的「時間票」服務。時間票這個網站有各種形式的時間單位票券，有人雖然不是專家也能聆聽大家煩惱；也有提供商務顧問服務的人，各種五花八門的技能都在上頭。

個人檔案方面，我在「①使用媒合服務」當中也已經整理過重點。零工服務也要好好撰寫個人檔案，和媒合服務不同的是，**零工必須明確提供價值**。因此若有能夠展現出可提供該價值的理由，也就是業績或者經驗，建議大家就寫上去。

步驟3 實踐零工

如果有人想購買你出售的技能，那就去做吧。若是與買家面對面的零工類型（聆聽問題、顧問等），就要決定見面的日期時間；如果是不用見面就可以交貨的類型（製作類等），那就要決定交期。無論是哪一種，都不能只是單純遵守期限做完工作，**務必要意識到提供超過對方期待與報酬的價值才行**。這樣可以給予對方感動、使對方記得這件事情，同時還有另一個理由。這是為了「贈與」些什麼給買方。

贈與能夠獲得更大的蓄積

若是報酬與提供的價值等值，那麼就只是「交易（等值交換）」罷了，這和你在便利商店買東西沒什麼不同。但是交易並沒有連結人與人的力量。我想大家也很清楚，去買東西再多次，都不可能與便利商店的店員有更深的關係。和交易相反而非等值的交換該怎麼稱呼呢？那就是**「贈與」**。

贈與具備連結人與人的力量，而且我們周遭就有相當清楚的例子。只要看看家人就能明白，父母親養育孩子並不求回報、只是單方贈與，因此彼此關係相當緊密。在孩子經濟獨立以後，去向孩子要求支付從前養育費的父母應該為數不多。這就是由於父母養育孩子的行為是「贈與」而非「交易」。

另外我們逢年過節、喜慶之日會送禮物給重要的人；請其他人吃飯的時候，也都是利用了贈與的力量，來維持彼此的關係性。如果有人詢問對方送的生日禮物價格多少，然後把錢拿給對方的話是什麼情況？應該會直覺這人很沒禮貌吧。因為這份禮物就不再是「贈與」而成了「交易」對象，兩人的關係甚至可能從此消弭。

我們經由「贈與」連結彼此的場景實在多不勝數。在零工方面也一樣，如果收了五千元的報酬就只有提供五千元的價值，那麼就只是單純的「交易」，和買方的關係也就此結束。金錢（往來）結束的那一刻也就是緣分已盡的同時。但若是拿了五千元的報酬，卻提供了超過一萬元的價值，那麼買方對於該差額的感受就是「贈與」。換句話說，就是請客請的不是飯而是價值。這樣一來，買方就會覺得「得要找機會還回去才行」。這種**必須要還回去的心態**，在心理學上稱為**「互惠原理」**。

藉由提供超越期待與報酬的價值，就能夠拓展「人際網絡」，帶來將來的工作與機會。另外，心中想著要展現出更高的價值，也會成為提升「技能組合」等級的動機。而買方率直的回饋，也能夠用來磨練「技能組合」。透過零工可以得到平時工作無法體會的經驗，這當然也能夠觸發「自我理解」。

圖 24 為蓄積而做的六個行動⑤ 總整理

⑤做零工

	具即效性	逐漸生效
「遇見新的人」行動	①使用媒合服務	②持續發出訊息
「前往新的場所」行動	③登場／主辦活動	④參加／主辦社群
「催生新的機會」行動	⑤做零工	⑥做付出型工作

思維模式

- 可由線上下訂之單次工作
- 負責能在閒暇時間做的工作
- 先有訂單的下訂型

例）Uber Eats、Timee

- 自己出售技能的出售型

例）Coconala

- 可實驗該技能有無需求
- 嘗試多種技能的好機會
- 沒有人際網絡也能開始做
- 透過工作儲存三項蓄積

步驟1 決定嘗試哪種技能

- 尋找技能市場

例）Coconala、boysu

- 技能不成熟也可以站上本壘板

步驟2 登記、出售

- 活用技能市場
- 活用專門取向服務

例）VisasQ、Street Academy

- 販賣時間

例）TimE Ticket

- 在個人檔案中確實寫出能夠提供價值的理由或業績

步驟3 實踐

- 提供超越期待及報酬的價值
- 意識到「贈與」及「互惠原理」

為蓄積而做的行動
⑥做付出型工作

思維模式

付出型工作（Give Work）是我創造的詞彙，意思是這種**工作要付出給對方。也就是「無酬工作」**。當然是仿照Gig Work創造的詞彙。無酬工作常會給人一種幫人工作毫無意義而有所損失的感覺，但其實並不一定如此。無酬工作會有損失，指的是那份工作除了金錢以外無法得到任何東西的情況，那樣的話的確是壓榨勞力。但除了那些極端案例以外，無酬工作還是有其優點的。

這是因為就算金錢報酬掛零，付出型工作仍然能獲得其他東西作為報酬。這件事情其實我在第二章「八項報酬」當中已經說明過了。金錢以外的報酬，指的就是人生轉向需要的「三項蓄積」之「技能組合」、「人際網絡」、「自我理解」，以及**感受到幸福所需要的「正面情緒」、「成就感」、「熱中」、「意義」**這些東西。我們必須要無酬工作，才能夠得到如此多種類的報酬。

付出型工作容易儲存蓄積

更重要的是，正因為是無酬工作，我們才能更輕鬆儲存「八項報酬」當中人生轉向需要的「三項報酬」。這又是因何道理呢？無酬工作的特徵，就在於沒有金錢交易。這樣一來，就能夠獲得各種機會。比方說大家可以想像一下，對於畫畫有興趣的朋友告訴你：「我可以收一萬幫你畫能用來當ＳＮＳ大頭照的肖像畫」和他說「我想練習畫肖像畫，可以幫你畫一張能當ＳＮＳ大頭照的圖嗎？」這兩種情況。如果是前者，你心中一定會開始評估一萬元是否合理、達成的效果是否有那個費用的價值等等。但若是後者，根本就沒有什麼ＣＰ值的問題，因為費用是零元。因此就很容易回覆對方「那就麻煩你囉」，這樣對方就得到一份無酬工作。雖然**沒有金**

錢、但是能獲得經驗，因此無酬工作也像是一種「買經驗」的感覺。這就好像當學徒、或者是為公司老闆打理雜務一樣。

這類無酬工作，也就是付出型工作因為不提金錢、只單純提供價值，因此能夠順利**站上本壘板的次數可是壓倒性的多。**付出型工作的機會俯拾即是。在媒合服務當中見到的人若有困難，幫他們解決就是一種付出型工作；在社群當中企劃活動等當然也算是付出型工作。另外，在零工當中若能提供超越期待與報酬的價值，那個部分也可以說是付出型工作。

還有，戰略性活用付出型工作，也可以成為**向其他人宣傳自己**的契機。我在獨立成為自由業者，剛開始以議論對象身分活動時，幾乎是沒有工作的。因為沒有工作、當然很閒，所以就努力使用媒合服務見許多人。每天見各式各樣的人、與他們討論當下的課題及想做的事情等，之後終於出現感到這有足以付款價值的人，告知「希望能正式委託你作為議論對象」。原先我是當成付出型工作在與大家進行議論的，但體驗我所提供的價值這件事情成為契機，最終觸發了工作。當然也有人並未成為我的客戶，但只要對方曾向其他人說「我請他和我議論過」的經驗，就是幫我宣傳，結果他的朋友便成為我的客戶。

除此之外還有設計師在無人委託的情況下，自己製作了某個喜愛的ＡＰＰ設計的改良方案，這當然是付出型工作。他在推特上分享該設計以後，ＡＰＰ的經營公司也看見了，據說便正式委託他工作。

在「⑤做零工」當中我說明提供超越報酬的價值是一種贈與，而付出型工作因為沒有報酬，所以本身就是贈與（所以才會命名為付出型工作）。**以付出型工作來進行贈與，就能夠得到機會讓自己的技能展現給世人觀看，因此贈與之後也會拓展「人際網絡」**。

該如何思考回禮

不確定何時能得到回禮。有人會問我「如果對方沒有回禮該怎麼辦？」莫非是覺得情人節給對方巧克力，白色情人節就應該要收到回禮巧克力嗎？但其實有沒有回禮根本就不是問題，畢竟贈與從一開始就不期待收到回禮。如果一開始就期待收到回禮，那就不是「贈與」而是「交易」了。「我可是免費幫你做事了，你應該懂吧？」這種「假裝成贈與的交易」其實很容易被察覺，而且非常容易疏遠他人。

如果覺得做了付出型工作而對方沒有回禮、會因此感到不開心的話，就表示腦中仍然想著損益計算。雖然這不是件壞事，但我就提出兩個沒有回禮時的方針。一個是不要再贈與那個對象，這樣一來就不會損失更多；另外一個是把回禮的期限訂在十年之類的長期時間。以我的經驗來說，曾有過幾年前以付出型工作形式與其議論的對象來委託工作的情況，因此其實真的無法確定何時能收到回禮。也許是一星期後，也可能是十年後，還是耐心等待吧。

就算沒有回禮，也能夠得到經驗來磨練「技能組合」、加深「自我理解」，因此其實不必太在意。但是過量的贈與會變成「自我犧牲」，因此做付出型工作也要留心適量即可。

步驟 1　尋找付出型工作的需求

雖然說是付出型工作，但也不確定做什麼事情能讓別人開心。如果沒有需求卻去做付出型工作，那可就給人添麻煩了。因此先從尋找付出型工作需求開始。

在公司內尋找

需求應該也是俯拾即是，**最容易尋找的就是目前工作職場中的需求**。比方說在開會的時候做會議記錄，就是種有意義的付出型工作。或許有人會覺得，做會議記錄又不是我的工作！但光是做個會議記錄，就能夠儲存「三項蓄積」。比方說做會議記錄的時候因為統整整體資訊，能夠提升自己抽象化這個概念技能。而且將自己的知識見解、想法附在會議記錄內容當中，就成為給予參加者的東西，也能夠促成公司內的「人際網絡」形成。同時，做會議記錄可以回顧自己著重在哪些方面，也可能促成「自我理解」。

這並不僅限於做會議記錄，在公司內超過自己份內工作的付出型工作機會應該還有很多。要找出這類需求，**建議離開辦公桌、與人隨意閒聊。**閒聊的時候會聽到其他人的煩惱、課題，偶然發現其他人需要幫忙的事情。

在公司外尋找

公司之外也有許多付出型工作的機會，而且**公司以外比較容易拓展「人際網絡」。**比方說在與媒合服務約的人見面聊天時，同時想著自己能為對方做些什麼，就可能會找到能幫上對方之處。如果能夠為對方介紹他所需要的資訊、機會或者人，那麼就是很有意義的付出型工作。就算只需要花你五分鐘去做這件事情，對於對方來說可能價值千金。另外，積極參與社群炒熱氣氛、或者自己企劃活動也很好。結果能夠使社群活動更熱鬧，那麼就會是受主辦人和成員歡迎的付出型工作。

尋找公益活動

試著去做公益活動。公益活動一詞來自拉丁文「pro bono publico」，意思是「為了公眾利益」，通常指**活用自己的知識與經驗來貢獻社會**。這和義工有些不同，而其不同之處就在於提供的東西。義工是提供時間與勞力來進行社會貢獻活動，因此並不需要特別的技能，只要贊同該活動就能參與。

但是公益活動需要提供技能。比方說以撰寫文章的技能協助編寫新聞發訊；以行銷技能協助活動宣傳；以程式設計的技能打造能讓活動更有效率的工具等，這些方式才是公益活動。和義工相比似乎難度較高，但若能將自己的技能活用在社會上，就是相當有意義的付出型工作。如果有你想伸手幫忙的NPO，那麼就直接連絡他們。如果沒有特別想接洽的NPO，那麼也可以使用公益活動媒合服務「第二張名片」、「服務雲端」、「ShareWorks」「ACTiVO」等團體服務。

步驟2　執行付出型工作

如果找到需求，接著就要找出自己的參與方式，開始做付出型工作。以人生轉向的觀點看來，**自己是否能夠透過那份付出型工作儲存「三項蓄積」是非常重要的。**前面已經向大家說明過，生活在現代的我們必須要準備人生轉向的相關事宜。然而我們能憑這點就甘心去做付出型工作，也就是無酬工作嗎？

付出型工作的意義

人生轉向是為了「未來」的「自己」，但是人無法只為此而持續行動。實際上當我在做付出型工作的時候，就不只是為了「未來」或者是「自己」，而使用其他標準來思考。

比方說，「現在」對我們來說，豈不是和「未來」一樣重要嗎？如果我們在那當下沒有感到快樂、沒有成就感、或者無法埋頭苦幹，只是為了將來做準備，是無法持續做付出型工作的。

另外，除了我們「自己」以外，「周遭之人」和「社會」也是相當重要的。如果我們並未感受到自己幫上某個人的忙、是在做有意義的事情，也很難持續做付出型工作。

好好面對無酬工作當成付出型工作以後就會發現，因為沒有金錢介入，所以更能思考**自己人生當中什麼事情比較重要、又是為了什麼而工作**的。這些經驗到頭來也會釀成「自我理解」。付出型工作的特徵之一便是獲得那些理所當然有薪水或金錢報酬場合中難以得到的經驗。

圖 25　為蓄積而做的六個行動⑥　總整理

⑥做付出型工作

	具即效性	逐漸生效
「遇見新的人」行動	①使用媒合服務	②持續發出訊息
「前往新的場所」行動	③登場／主辦活動	④參加／主辦社群
「催生新的機會」行動	⑤做零工	⑥做付出型工作

思維模式

- 付出給對方的工作（無酬工作）
- 可以獲得八項報酬當中的「技能組合」、「人際網絡」、「自我理解」這三項蓄積，以及幸福所需的「正面情緒」、「成就感」、「熱中」、「意義」
- 感覺上是購買經驗，容易儲存三項蓄積
- 能站上本壘板的次數比例高得驚人
- 「贈與」之後比較容易拓展「人際網絡」

步驟1　尋找需求

- 在公司內尋找

例）做會議記錄、閒聊

- 在公司外尋找

例）媒合服務、活動、社群

- 尋找公益活動

例）NPO、第二張名片、服務大地、ShareWorks、ACTiVO

步驟2　執行付出型工作

- 最重要的是透過那份工作能否儲存三項蓄積
- 能夠藉此思考自己人生當中什麼事情比較重要、又是為了什麼而工作

所有行動共通的三項行動原理

前面透過第三章和第四章向大家介紹為了儲存人生轉向所需「三項蓄積」而做的「六個行動」，我們在此稍微回顧一下。

「①使用媒合服務」要先準備好內容充實的個人檔案，活用媒合服務去見還不認識的人。在多次這樣會面以後，能夠練就自我介紹以及溝通的「技能組合」，還能拓展「人際網絡」。第一次見面的人給予自己的客觀意見，也能夠使人產生「自我理解」。

「②持續發出訊息」會由於發訊內容而累積信用及信賴，同時還能夠幫自己插旗。

持續下去就能建構與讀者間的「人際網絡」；書寫文章時也能客觀看待自己的情緒及思考，觸發「自我理解」。另外發出訊息這件事情本身若能磨練「技能組合」，就能成為不同場合中的一張好牌。

「③登場／主辦活動」項目中我將說明，關於聯繫活動主辦人試著站上活動舞台、以及參與活動營運甚至主辦活動的方法。站上舞台或者主辦活動，比單純參加活動更能拓展「人際網絡」，除此之外為了整理站到舞台上要說話的內容，也能夠對於自己有更深一層的「自我理解」。而舉辦活動這件事情成為「技能組合」之一以後，將來在各種情況下都能夠自己主辦聚集眾人的活動。

「④參加／主辦社群」一節裡提的是請大家尋找適合自己的社群、還有積極參與甚至主辦社群的方法。社群當中有各式各樣的交流機會，活用那些機會便能建構「人際網絡」，認識五花八門的成員也能夠對自己有更深的「自我理解」。另外，在社群當中去挑戰未曾體驗過的角色分配，也可以磨練「技能組合」。

「⑤做零工」講的是接下單次性質的工作來測試自己。零工因為是有報酬的工作，因此能夠從買家那裡得到率直的回饋，是磨練「技能組合」的機會。另外若提供高於報酬的價值給買方，這就成了贈與，能夠建構「人際網絡」。在做零工時得到的經驗，也能加深「自我理解」。

「⑥做付出型工作」這節提到找出無酬工作的需求，除了能增加站上本壘板的機會以外，也可以提升明白自己所提供之價值的人數。由於沒有金錢介入，所以也不太容易被拒絕，能夠增加許多拓展「人際網絡」和磨練「技能組合」的機會。另外，這是一個契機讓人去思考金錢報酬以外的工作報酬，因此能夠了解自己是為何而工作，自然是一種「自我理解」。

這些行動累加之下就能儲存「三項蓄積」，為將來一定會來臨的人生轉向做好準備。本章最後向大家說明這些**行動根基上共通的三項行動原理**，這些就是我們要在VUCA這種人生一百年時代當中工作半個世紀的世界裡生存下去的指南針。

行動原理 ① 試著去做

總之就試著去做做看吧。不做的話就不知道自己是否適合做那件事，可能也不知道自己究竟喜不喜歡。與其動手做之前左思右想各種問題，還不如直接放手去做。如果不適合自己、或者無法達到期望的結果，再停下來就好了。別猶豫，就放手輕鬆去做吧。

還記得第一章提到的計畫式偶然性理論嗎？這個理論告訴我們，決定職涯之事有八成都來自偶然。提倡此理論的克倫波茲教授也為我們整理出能夠引來更多偶然的五個行動特性，正是好奇心、持續性、樂觀性、彈性、冒險心。如果相信這個理論，那麼不管是否起身行動，應該都無法逃脫偶然的影響。但是如果**問起哪種方式**

比較容易引發正向偶然，那麼當然要選擇「做做看」而非「不做」了。好奇心的天線能讓你找到新機會；覺得船到橋頭自然直的樂觀心與不畏懼風險的冒險心能使人起身行動；具備能夠改變自己的彈性、同時發揮持續性維持一段時間。試著這樣去做的人，才容易遇到正面的偶然。

首先試著每週一次……或者每月一次也好，去做一件沒有做過的事情。比方說去從前沒去過的餐廳、走平常沒走的那條路、改變自己的閱讀領域等等，試著改變這些小行為。如果覺得這些事情太過簡單，那麼就去註冊媒合服務、開始在ＳＮＳ上發出訊息、或者馬上與活動主辦人連絡吧。另外也可以加入某個社群、註冊零工服務，或者參加ＮＰＯ的義工說明會等等。不斷為自己按下「試著去做」的按鈕，最後一定會真的遇上新的人、與他們對話、甚至能夠開始為他們提供價值。**人生轉向就是位於自己這種小行動或者變化的延長線上。**

行動原理 ② 進行改善

要記得不能只是茫然地重覆自己的行動，**每次都要學點什麼、試著改善內容。**比方說在媒合服務中送出訊息後收到回覆的機率很低，那麼就試著稍微修改送出的文章和個人檔案。如果沒能與媒合APP中遇到的人聊得非常開心，那麼就事前記住對方的資料、想好要問對方的問題。若是很容易在見過面後忘了要連絡對方，就把這件事情紀錄在工作管理工具或者月曆上。就算只是使用媒合軟體這件小事，這些小小的改善在長時間下也能發揮功效。每天試著改善一個自己的行動吧。

回顧發訊的內容，確認什麼樣的投稿能夠有較佳的反應；將自己在活動中站上舞台時說話的樣子錄下來，之後自己重聽等。**回顧是非常重要的，**因為一定會有可以學習的東西。另外除了自己回顧以外，也可以請零工或者付出型工作的對象提供回饋。得到客觀意見，比較能找到自己沒發現而需要改善之處。

走出舒適圈

能夠改善的地方一定有很多，如果找不到可改善之處，那就表示自己一直停留在「舒適圈」當中。舒適圈這個概念，是由密西根大學商學院教授諾爾・M・蒂奇提出的。也就是一個人待起來覺得非常舒服的地方，已經習慣了在這裡「如此做就有這個結果」。但是人如果一直待在這種地方，成長就會停滯、也沒有可改善之處。「技能組合」、「人際網絡」、「自我理解」在舒適圈當中也已經夠用，因此不會儲存「三項蓄積」。那麼應該如何是好呢？我們**必須要讓自己身處舒適圈之外的環境才行。**

舒適圈之外還有「學習圈」、「恐慌圈」，這三個圓圈是以同心圓方式呈現的。在學習圈的環境當中，人會因為不習慣而感受到不確定性以及緊張，不明白「這樣做就會有那個結果」，想著「這樣做會有什麼結果呢？」在這個環境下就會遇到新的人、前往新的場所、催生新的機會，因此我們得以學習。從舒適圈**跳進學習圈中，**就是六個行動的共通點。

學習圈外面的恐慌圈是當下自己的技能完全無法應付的環境，會讓人覺得「到底該怎麼辦？」這對精神來說負荷也很大，別說是學習了，還很有可能喪失自信。六個行動當中我都有設定各自步驟進行說明，只要好好一步步前進，應該就可以避免直接踏進恐慌圈。

原先屬於學習圈的環境，在經過多次改善及適應以後，終究也會成為舒適圈。這樣一來舒適圈就會更加寬廣，而原先屬於恐慌圈的環境也已經轉變為學習圈。**拓展學習圈以後就能拓寬活動的幅度，也會更加容易儲存人生轉向所需的「三項蓄積」。**

行動原理 ③盡量付出

在試著透過行動來得到「三項蓄積」的同時，不能光想著利己。其實利他性、由**自己付出更為重要**。這個世界最有趣的就是付出能夠得到各式各樣的東西，反而獲利更多。比方說提供資訊或機會給媒合APP上遇到的對象、或幫他介紹其他人，就能夠持續與對方的關係性。另外，向周遭之人發出有用的資訊，也能夠慢慢儲存信用。還有如果在活動中登上舞台、或者炒熱大家的討論，就能夠連繫上許多人。在零工中提供超過報酬的價值給買方也非常重要；無酬性質的付出型工作也能夠得到各種機會。這些全部都是付出。

付出並不需要花費金錢，有許多付出的方式只需要使用一點自己的時間。對於自己來說可能只是小小的付出，但對接收的人來說或許有著重大意義，之後對方也可能會有所回報。舉例來說的話，就是**將時間投資在人際網絡上**。我們不知道何時、會有多少回報，說不定根本沒有回報。但是付出而幫上某個人的忙，這件事情本身

圖 26　三項行動原理　總整理

①試著去做

- 與其做之前煩惱，「做了再想」會更好
- 試著由小行動改變
- 起身行動較能引發正面偶然
- 試著去做六個行動

②進行改善

- 累加小小的改善
- 回顧
- 在學習圈不斷改善，容易儲存三項蓄積

③盡量付出

- 不要求回報，自己付出比較重要
- 對於自己來說舉手之勞的付出，對接收者來說有重大意義

就令人開心，付出這個行為也能夠拓展「人際網絡」、磨練「技能組合」、加深「自我理解」。不需要特別期待回報，就耐心等候吧。

行動原理、蓄積與人生轉向會不斷循環

透過付出儲存了「三項蓄積」以後，我們就能夠再繼續對其他對象付出。另外兩個行動原理「①試著去做」和「②進行改善」也是一樣的。依照行動原理①去起身行動，就能夠儲存較多「三項蓄積」，同時也能夠積極的去嘗試全新挑戰。而依照行動原理②來改善行動，「三項蓄積」也能儲存得更順利，甚至有機會拓展學習圈來得到更多改善的機會。**依循「三項行動原理」來儲存「三項蓄積」，如此也能繼續強化「三項行動原理」，這兩者是互為因果的循環。**

同時我們在第一章當中便已經確認，**「三項蓄積」與人生轉向也是一個循環的概念。**「三項蓄積」會引發人生轉向，而在人生轉向後我們又能透過新的經驗儲存

圖 27　行動原理、蓄積、人生轉向循環

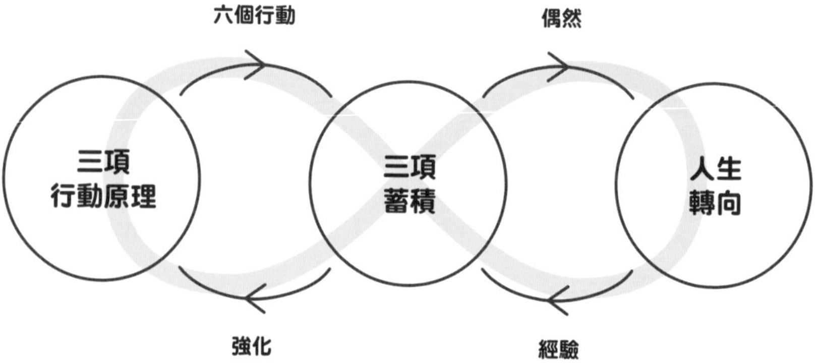

「三項蓄積」。

這個情況我們以圖27來向大家說明。

與人生轉向相關的這兩種無限循環，正是本書最重要的插圖。日常的工作和活動都會在左邊的圈子當中繞；等到人生要轉向的時候就會繞到右邊的圈子。**只要這兩個圈子沒有停止運作，我們的人生就能夠不斷轉向。**

專欄

活用教師時代的經驗平穩實現人生轉向

三原菜央小姐最初的職涯，是在全國經營職業學校和通訊高中的學校法人當中擔任老師八年。因為是私立的學校，必須要自行招募學生，因此老師們也都非常團結著做宣傳的活動。身為老師的工作和宣傳工作的比例大概是6：4左右。到了第三年她還成為宣傳活動的負責人，最後一年甚至站上大學講台。

當時的三原小姐雖然認為教師正是自己的天職，內心卻也有些掙扎。學校明明是把學生送上社會的階段性設施，但是老師自己卻不是相當明白社會。因此她想著：「與其繼續這樣當老師，還不如進入民間企業看看、增加一點社會經驗可能會比較好吧？」因而開始試著轉職。轉職的時候完全活用了她在當老師的時候順便學習的宣傳行銷「技能組合」。她第二份和第

人生轉向
實踐者

三原菜央

Smilebaton.Inc. 負責人。iU客座講師。一九八四年出生於岐阜縣，大學畢業後於職業學校、大學擔任講師八年，同時經手學校的宣傳活動。建校時僅有六十名學生的職業學校，在她成為宣傳負責人員以後，五年內便成長十倍、擁有六百名學生而受到世間矚目。之後前往新創企業，又在Recruit Holdings Co.,Ltd. 從事宣傳PR和企劃一職。在二〇一六年九月打著以「豐富老師及孩童雙方人生」為目標設立「老師的學校」，並於二〇二〇年三月變更公司名稱為Smilebaton.Inc.。著作有『自我風格工作　平行職涯的營造方式』（秀和系統出版）。

三份工作分別是新創企業以及行銷相關職業，因此將她的「技能組合」磨練得更上層樓。

在她還是老師的時候，總會想著「因為我是老師，一定要做到好才行」，所以並沒有試著多加理解自己。但是進了第二間公司，每週都會有「自我會議」時間讓大家自省，也因此開始寫筆記來紀錄自己的強項、喜歡的事情、想怎麼過活等等，據說這個習慣依舊持續到現在。像這樣定期檢視自己也是非常重要的。

由於自我會議推動了她的「自我理解」，因此她明確知道自己想要徹底磨練宣傳行銷這項「技能組合」。她認為選擇大型企業而非第二間或第三間公司那種新創企業，更能夠集中在自己的技能組合上，因此透過代理公司應徵Recruit Holdings Co., Ltd.的人才招募。但是在面試的過程中，發生了讓三原小姐產生重大轉換的念頭。契機就是錄取她的負責人員的一句話：「如果這間公司能夠幫忙三原小姐走在自己想走的人生道路上，那麼我希望能夠與您一起工作。」先前她一直認為公司和個人是一種上下關係，但其實個人也可以為了自己想做的事情活用公司，她開始覺得兩者可以是對等的關係。

原先就已經具備宣傳行銷的「技能組合」，同時又有想磨練技能的「自我理解」，因此她如願被錄取成為行銷人員。並且這個環境也允許在本業之外還可以進行副業，因此三原小姐便更進一步進行挑戰。首先為了活用和本業相同的行銷「技能組合」，因此以自由業身分接業務委託案件。另外由於她原本是一名老師，覺得「還是希望能夠從事教育」，因此設立了「老師的學校」作為副業。

「老師的學校」是一個以「豐富老師及孩童雙方人生」為目標的社群，這個社群透過活動、雜誌及其他各式各樣的內容，探求所謂的教育。我也曾經前去活動、上台演講過，向身為老師的參加者們說明自由業的工作方式。在二〇二〇年九月進行這次訪談的時候，「老師的學校」已經有八百多名會員。三原小姐在過去當老師的時候培養出的簡報能力和溝通能力這些「技能組合」，也在舉辦活動和經營社群時派上用場。說起來學校教室本身也像是一個社群，因此這樣的經驗能夠應用來經營社群或許也是理所當然。同時她在教職時代就已經建立起日本全國教職人員的「人際網絡」，因此也比較輕鬆就能夠聚集到社群成員，才會選擇主辦「老師的學校」成為副業。

三原小姐透過宣傳行銷的業務委託、以及主辦社群這個副業，建立起只靠本業無法達到的寬廣而又多樣化的「人際網絡」。她能夠連繫上靠著宣傳行銷業務委託接觸到的各式業界之人、還有主辦社群時認識的那些關懷教育的人。因此三原小姐建立起自信，認為自己的蓄積足以創業，想把人生賭在「老師的學校」上，而於二〇二〇年一月離開Recruit Holdings Co., Ltd.，三月時創立了Smilebaton.Inc.。當然她在撰寫自己公司的宣傳文案、讓許多人知道自己的活動時的戰略，也都活用了宣傳行銷的「技能組合」。

「老師的學校」原先是她的副業，現在則成了本業，這正是第二章當中我告訴大家的「平穩轉向」模式。就算「老師的學校」進行得並不順利，她也還有宣傳行銷的業務委託案，甚至賺得比本業還多。若是有什麼問題也能靠接案過活，這樣的自信讓她決心創業。過去的經驗儲存了「三項蓄積」，活用這些東西平穩地轉換了職涯，完全就是人生轉向的實踐者。

我詢問三原小姐對於下一次人生轉向的規劃。她表示：「對我來說，第二間公司和第三間是一年就換掉的工作，因此這在履歷上是扣分的。但我好好面對自我、了解自己；磨練技能組合加上重視過去的人際網絡，就能改變這點。我認為人是隨時都能改變的，因此我想做出能夠幫助那些想改變之人的服務，類似生涯教育之類的。」

三原小姐說這些話的時候，話語中充滿了過往累積的經驗給她的信心。看來她下一個挑戰肯定不是「老師的學校」而是「大人的學校」吧。

專欄

同時經營NPO與股份有限公司兩行業
讓人生成功轉向的前國家公務員

柚木理雄先生的職涯起點，是他在研究所畢業後便於農林水產省工作了九年。而且他每年都會被調動部門，也因此具備各式各樣的經驗，包含兩國間的國際交涉、貿易條件交涉、省內分配、金融、農地、六次產業化基金、生質等。

在處理這些行政工作的同時，他感受到自己不能就此停留在狹窄的世界當中，因此頻繁前往不同業種的交流會。他原先並不擅長與人談話，剛開始根本無法與人交談、陷入苦戰。但在多番訓練自我介紹的格式以後，與他人說話也不再那麼痛苦，逐漸拓展出自己的「人際網絡」，這讓人重新感受到自我介紹的重要性。另外，他也會和認識的人一起去聯誼等，試著加

人生轉向實踐者

柚木理雄

自京都大學畢業後於該校就讀研究所畢業。二〇〇八年進入農林水產省，經手國際交涉、會計、金融、農地、公營基金、六次產業化、生質等。二〇一二年十二月創立NPO法人藝術家之村，就任理事長一職。另外經營有創造社會商機的共租房屋、共同工作空間的出租空間「Social Business Lab」；道德品牌選物商店「ETHICAL PAY FORWARD」；社會義工平台「CollaVol」等。二〇一七年二月創立株式會社Little Japan並就任負責人CEO一職。經營串連地區與世界的民宿「Little Japan」、每月定額會費便可任意住宿登記於系統中的飯店「Hostel Life」、集合全國民宿的「民宿高峰會」等。二〇一九年四月任職中央大學特派準教授。

深彼此的關係。雖然這是有點令人意外的方法，但只要和認識的人有進一步發展，就比較容易維持關係。

有一次柚木先生手頭正處理著關乎日本國家等級發展的計畫，卻因為發生了意料之外的大事，而使他的價值觀受到震撼。那正是二〇一一年的東日本大地震。他以前也在神戶經歷過阪神淡路大地震，因此開始思考起「能否以個人身分，而非國家公務員身分做些什麼呢？」

柚木先生留意到地震後復興活動中NPO大為活躍，認為NPO將來對日本來說會更加重要，因此他自己設立了「NPO法人藝術家之村」作為副業。由於活用了先前在不同業種交流會上建立的「人際網絡」，因此很快便聚集各種支援和夥伴。另外，他身為一名公務員也十分了解推動事物的方式、同時熟讀法律相關文件，這些「技能組合」都派上了用場。

藝術家之村最一開始是在地方祭典等處擺攤，之後找到了適合的建築，便設立「Social Business Lab」。Social Business Lab是一棟五層樓建築，裡面包含共享住宅、出租空間、商店。商店是「ETHICAL PAY FORWARD」選物店，裡面收集了從全世界及日本各地來的有機、公平貿易等道德商品。

除此之外，藝術家之村還有其他多項事業，共通點就是支援那些試圖解決社會問題的NPO。

也就是說，它是一個支援NPO的NPO。具體來說是提供讓NPO活動的場所，以及提供他們與支援者接洽的機會。透過這樣的結構，柚木先生也很自然地拓展了在NPO業界裡的「人際網絡」。另外，他透過與義工成員一起推動企劃的經驗，憑著這樣的價值觀和想法打造社群，也成為他的「技能組合」。從打造網站做起、包含法務和會計等，這些事情他都一手包辦，也因此得到從零做起的經驗。他謙虛表示身為公務員得到的經驗幾乎完全無法通用，但那反而成為他的原動力。

柚木先生在經營NPO這樣小小組織的同時，又是一名公務員，因此針對行政方面中央集權、面對全國都採相同態度感到頗具疑問。他希望能夠打造出個人和地區依其個性自律行動，並且互相尊重的情況。在歷經NPO活動以後，這樣的想法也更加強烈。採用NPO這樣的小組織，因應需要場所及時機達成公眾任務，或許會更接近自律分散型的社會。另外他也認為承擔風險展開新事業的民間企業相當重要，因此柚木先生才選擇自己創業。

之後柚木先生便離開農林水產省，設立了株式會社Little Japan，他開始同時經營NPO和株式會社兩個工作。公司方面，他先設立了一間和公司同樣名為Little Japan的民宿。之後又建立了「Hostel Life」，這個服務讓人可以每月繳交定額會費，就能留宿全國民宿。他靠著NPO時期的「人際網絡」找到出資者；當中也有人直接成為使用Little Japan的客人等等，事業起步頗為順利。另外他也反省自己經營NPO的時候一手包辦的問題，因此後來創業的時候選擇分工作業的方式，也發揮了功效。

之後由於經營生根當地的民宿以及HostelLife的迴響，中央大學徵詢他擔任特派準教授一職的意願，而他也接受邀請。他負責的是活用某個村莊的資源，來為學生講解創立事業相關課程。

另外在二〇二〇年九月，他開辦了一個名為分租街的企劃，就像是先前活動的集大成版。分租街是居住在分居住宅中的「居民」與當地有關係的「相關居民」的街道。除了位於東京淺草橋、兩國、御徒町、日本橋的咖啡廳那些真實場所，他們在APP上也擁有社群、可以成為線上居民。先前曾經建立社群、打造據點、建構人與人聯繫的種種經驗，都活用在營造這個城鎮街道上。這方面讓人感受到他也活用了街道本身與其據點的感性，試圖打造出尊重彼此的自律分散型城鎮。柚木先生從國家公務員轉向，將自己的生存方式變更為與村莊及城鎮息息相關，對於他抱有同感之人逐日聚集在他的麾下，想必將來還會有新的企劃吧。

第 5 章

人生轉向之後的下一步

得以選擇的狀態有其價值

先前的章節已經告知大家，人生轉向想必會成為將來我們思考人生時不可或缺的模式。這是由於人生不斷長期化而生活模式卻逐漸短期化，我們勢必會在一生當中歷經許多種生活方式及工作型態。

最為理想的就是透過經驗儲存「①能夠提供價值的技術組合」、「②寬闊而多樣化的人際網絡」、「③經驗提供的真實自我理解」這「三項蓄積」，隨時做好人生轉向的準備。如果只靠工作難以儲蓄這些東西，那麼就必須引進先前提的「六個行動」以及其共通的「三項行動原則」來彌補，同時也要花點心思去除阻礙人生轉向的「三項欠缺」。

自從社會大眾要求工作方式改革以來，大家對於工作方式的討論大多將重心放在工作「時間（長時間勞動問題等）」和「場所（如遠端工作）」方面，但更重要的其實是能否在該工作方式下**儲存「三項蓄積」並且排除「三項欠缺」**。有了這些蓄積的東西加上偶然以後實現人生轉向，這件事情我已引用了計畫式偶然性理論向大家說明。若職涯有八成都是以無法預料的偶然決定的，那麼我們當然要讓自己盡可能置身於容易發生偶然的環境。

只要有「三項蓄積」，就能夠使用這些優勢找出相鄰可能性。自己一路走來的職涯以及當下蓄積的東西，造就了你能夠選擇相鄰可能性，而相鄰可能性不斷拓展，才是健全的職涯。如果連一個相鄰可能性都沒有，只能走到當下職業為止，就會被強迫停滯不前。**得以選擇的狀態方具備價值**。

為了要能夠直覺聯想出各種選項，我也介紹了蜂巢地圖給大家。我們位在一個由六角形格子填滿的棋盤上，不斷往相鄰的格子（相鄰可能性）移動（人生轉向）。

與此相比，過往昭和到平成年間的人生，可說是直直一條路的大富翁遊戲。在這個**生存方式和價值觀都更加多樣化的令和年代，蜂巢地圖這種自由度高的人生觀應該更為恰當。**除了選項多以外，在格子內的移動方式也是五花八門。可以一腳就跨到旁邊格子去、也可以站在兩格的線上同時體驗兩種職業也就是做多種職業。以多職形態取得包含金錢在內的「八個報酬」來維持平衡，同時緩慢花費時間來達成人生轉向。

如此不斷反覆進行人生轉向，就能夠描繪出自己獨特的軌跡。這是和其他人完全不同、獨一無二的東西。那麼我們在不斷重複人生轉向以後，又將會變得如何呢？本書最後一章要告訴大家的是，在如此多經驗及蓄積之下拓展出的工作方式，最後有什麼樣的未來預想。

反覆執行人生轉向的將來是「四個O」

人生轉向會透過「三項蓄積」來實現，而反覆執行人生轉向又能夠繼續儲蓄各式各樣的「技能組合」、「人際網絡」以及「自我理解」。因此讓我們來思考一下，增加各項不同的蓄積以後，能夠選擇什麼樣的工作方式。以下我試著將工作類型分為以四種O開頭的形態來介紹，分別是「八爪章魚（Octopus）型」、「組織（Organize）型」、「最佳化（Optimize）型」和「原創（Original）型」。

活用技術組合的「八爪章魚（Octopus）型」

八爪章魚（Octopus）型職涯是**活用經驗當中累積下來的各種技能組合，同時做許多種不同工作**的情況，這可以說是多職的進化形態。這可不只「腳踏兩條船」而是「腳踏八條船」甚至更多的「腳踏N條船」。比方說一邊在APP製作公司工作、又同時開了餐飲店，也是一名書法家和歌手，同時經營NPO，這也是有可能的。對於八爪章魚型的人來說，所有的工作都像是企劃。只要實踐一段時間以後，他又會去做別的工作。不斷如此操作以後，就會累積更多技能組合。這種樣子**就像是八爪章魚在蜂巢地圖棋盤上到處徘徊。**

或許會有人覺得這種職涯根本無法好好磨練單一技能，全都做的不上不下，事實上並非如此。正是因為這種人會在短期內一頭栽下去拚命做，所以學習技能的速度也比其他人來得快。最重要的就是個人是否能夠投入其中。而能否投入就要做了才會明白，所以非常適合對各種事物抱有好奇心和冒險心之人。

職涯延展方式

近年來有許多工具能夠協助大家實現自己想做之事，使用工具的話就能在一定時間之內做出專家等級的成果。比方剪輯影像方面，現在只要使用軟體，就連外行人都能做出過往專家才辦得到的影像等級。而且也有應用ＡＩ來為影片配上恰當音樂的服務。

當然，光靠這些工具沒有辦法做到真正頂尖專家的程度，但若將範圍侷限在自己有興趣的領域當中活動，競爭對手少的話，很可能馬上就站上巔峰。以影片製作的例子來說，可以將範圍縮小到「特別針對現場轉播」、「特別會拍攝情侶」、「完全只用空拍機拍的影片」等等。

在市場戰略當中有一種手段叫做「利基戰略」，差不多是相同的方法。原文「niche market」的niche是指市場的小型生態區，刻意針對小型生態區，藉此成為當中的第一或者唯一廠商。我先前以自由業研究家的身分活動，也是一種利基戰略。雖然有許多研究工作方式並且發出訊息的人，但我只針對自由業這個小型市場，因此無人與我競爭、我也比較好活動。

話雖如此，事前並不知道我是否能夠靠這份工作活下去。就算跟章魚一樣到處試了各種工作，要是都不順利可就沒飯吃了。那麼應該如何是好呢？訣竅就是要**適當混合安全工作和挑戰性工作**，大概要留個兩成是能確實賺錢的工作、剩下的八成再拿去挑戰。如此一來就能夠確保生活所須的金錢，並且進行各種挑戰。

八爪章魚型的職涯用這種方式，就能夠盡可能活用自己的技能組合去做自己喜歡的事情。好奇心旺盛的人還請務必朝這個方向努力。

活用人際網絡的「組織（Organize）型」

組織（Organize）型職涯是**活用經驗中儲存的大量人際網絡，連繫人們的職涯**。由於超越各種障壁連繫人們，所以會催生許多新工作和企劃。比方說舉辦相同業種或職種之人的活動、設立社群；連繫不同業種的人促成合作等等，都是有可能的。或者是像人才介紹、業務代辦等事前契約工作；甚至也可能是將聯繫他人本身當成工作；又或者自己企劃那些因為聯繫人們而產生的企劃，當成自己的工作。

催生的聯繫越是有益，那些因此相連的人與自己的關係也會因為信用而更加緊密。另外若能參加在這種方式下催生的企劃，也會在共同作業時產生信賴關係。如此一來**活用人際網絡連結人與人的過程當中，又能將人際網絡拓展得更寬廣**，正是組織型職涯的特徵。

職涯延展方式

若問能否與那麼多人一直保持連繫，想當然會有一定的極限。實際上，英國人類學者羅賓．鄧巴（Robin Dunbar）就推測出人類能夠維持穩定社會關係的人數上限。這件事情似乎和靈長類腦部大小及平均族群大小有所關連，因此從人類腦部尺寸推測這個數字大約是一百五十人左右，這個數字同時也被稱為「鄧巴數」。

也就是說，無論見過多少人，能夠維持著的人際關係大概就是一百五十人左右。但就算無法持續，只要能夠在對方記憶中留下印象，就能夠重新建構關係。若是將這些連結較弱的人際關係也算進來，那麼我們能夠活用的人際網絡範圍應該要大得多。而且人類並不需要仰賴自己的記憶。先以ＳＮＳ連結，有必要的時候再插旗表明自己想做這件事情、募集成員，那麼這也可以說是能夠活用的人際網絡。另外若將先前見過的人都列成清單，做成可以搜尋的模式，那麼也有可能活用幾千甚至幾萬人的人際網絡。

組織型職涯最重要的就是定期與有關係的人溝通，傾聽他們的需求。畢竟若是不知道他們的需求，就沒辦法幫他們連繫適當的對象。介紹符合需求的對象、聚集有同樣需求的人來打造社群，就會產生新的價值。

人與人相連雖然時間短暫，但若打造社群就能長久維繫下去。在活用人際網絡時，這兩方面的均衡相當重要。**短期需要連繫人與人；長期則是打造社群獲得報酬。**這樣的均衡狀態能給人穩定感。

組織型的職涯由於活用自己的人際網絡，就能夠為了喜歡的人、或者和自己喜歡的人一起工作。如果與人產生連結便能感到喜悅，還請朝這個目標前進。

活用自我理解的「最佳化（Optimize）型」

最佳化（Optimize）型職涯是**活用經驗當中累積甚深的自我理解，實現最適合自己的工作方式**。八爪章魚型和組織型的職涯，概念上都是朝著更多技能組合或者人際網絡分散行動，但是最佳化型則是比較收斂式的行動。捨去不需要的東西，只留下自己幸福所需的最小要素。有一種極簡生活型態是只使用最少量的物品，實踐在職涯上大概就是這樣的概念。

如果知道自己想要什麼，也就明白大概賺多少錢可以辦到，自然就不需要做更多工作，這種情況也不可能長時間勞動。只工作自己想工作的量，剩下的都是閒暇時間可以充實度過。可以和家人一起、一個人讀書、又或者和朋友去露營等等，把時間都用來讓自己感到幸福。

職涯延展方式

大家是否還記得在第二章當中，我提過幸福生活所需要的五項因子第一個字母組成的PERMA模型呢？如果自我理解夠徹底，那麼應該就能明白自己感到幸福的重要因子。如果正面情緒（Positive Emotion）比較重要，那就去做開心或者有趣的事情。如果熱中（Engagement）比較重要，那麼就去做能讓自己埋首其中的事情。對於自我的理解越是徹底，就不會對於要做什麼事情感到迷惘。

不過**就算只做最少量的事情，也別忘了還是要準備好之後的人生轉向。**最佳化型職涯的人最好也要將儲存三項蓄積所需的行為、工作的經驗和其他六個行動，以最少量搭配組合在一起，才是真正的最佳化。

雖說是介紹反覆進行人生轉向後的「未來的工作方式」，這種情況似乎未免過於樸素，但這種單純的工作方式，正是因為自我理解才能達成。就算單純，當事人也會感到非常滿足。對於大多數人來說，理想的工作方式或許就是這麼簡單。

因此最佳化型職涯，是活用自我理解以後將時間分配為最佳使用方式。較為內向而內省的人，或許可以選擇這條路線。

整合三項蓄積的「原創（Original）型」

原創（Original）型職涯要**總動員「三項蓄積」才能實現，是他人無法模仿、只有自己才能做到的職涯**。正因為理所當然無法模仿，因此這種人的轉向軌跡自然就描繪出其原創性。種類可說是五花八門。

實際上我這一路以來遇見了很多原創型的職涯者，每次見到這些人，我都會感到非常驚訝「竟然還有這樣的工作方式」。

就算試著在雲端群募服務當中尋找他們的職種項目，也都找不到，只能登記在「其他」項目之下。由於他們是屬於相當少數的族群，除非是網紅，否則不太為人所知。我為了將這類原創型職涯的人介紹給社會，曾舉辦過好幾次活動。目的就是告訴參加者，職業有多麼地多樣化。如果有人因此覺得「說不定我能選個更適合自己的職業！」而起身行動，那就太好了。

活動名稱是「新工作圖鑑」，我在二〇一八年十一月和二〇一九年十一月各舉辦一次，兩次活動都盛況空前。與我一同企劃的是河原安須先生。

河原先生除了在各種場合中創造連繫人們的機會以外，也以「溝通加速者」這樣的名號進行活動。這個職稱相當特別，是他自己原創的職業。他原先在「Tokyo Culture Culture」負責策劃活動，於二〇二〇年春天時獨立，設立了工會制的團隊「Potage」開始活動。

我和河原安須先生共同企劃的「新工作圖鑑」活動，召集了許多種類的賓客。以下就稍微列出他們的職稱（活動當時使用的職稱）。

妄想工作家／玩具創造者／戀愛顧問／塗鴉教練／對戰顧問／多職創業家／外派小酒館媽媽桑／Podcast製作人／越境自由業者／無家酒保／老師的學校 主辦人／民宿「Little Japan」店長／工作方式設計教練／無人機駕駛／ob★mixer／Chief Culture Officer（Cco）／烏龍麵藝術師／日本第一締結緣份的外派酒保／異人獵人／國歌點唱者

無論是哪位來賓都相當有個性，光是看著這些職業名稱就讓人雀躍不已。接下來我挑選了三位介紹他們歷經哪些人生轉向以後，以目前的職業名稱進行活動。

玩具創造者：高橋晉平

第一位是「玩具創造者」高橋晉平先生，大多數人會介紹他就是累計銷售三百萬個以上的玩具「無限氣泡紙」的創作者。目前他會自己企劃玩具並且販售；也會舉辦工作坊，教授自己開發玩具時學得的靈感發想方式；以玩心概念支援企業PR等等，進行相當多不同的獨特活動。還在玩具公司工作的時候，高橋先生發現開發玩具的基本事項，正是「點子的有趣度」和「能賣出去」必須兩者皆成立。這樣的見識以及在玩具公司獲得的各式各樣經驗都成了他的蓄積，在獨立創業這個轉向以後，終於走向最適合他自己的玩具創造者。

國歌點唱者：本間健太郎

第二位是「國旗點唱者」本間健太郎先生。他現身的時候穿著描繪有世界各國國旗的服裝，而他果然也不愧對自己的職稱，能夠唱出世界各國的國歌。他是從二〇〇三年開始背各國國歌的，經過十幾年終於能夠以國歌點唱者的身分活動。在這段時間內，他曾經在電影製作公司工作、也曾移居到淡路島務農、還加入表演團體累積各式各樣的經驗。正因為這些經驗成了他的蓄積，才能夠實現人生轉向成為國歌點唱者。

烏龍麵藝術師：小野烏冬

第三位是「烏龍麵藝術師」小野烏冬先生。他以自己熟練的工匠技巧為底，是位配合音樂表演現場手打烏龍的拉烏龍麵專家。他在多間店面研習三年後獨立，摸索著其他人辦不到的模式。由於學生時代曾玩過樂團，因此最後得到搭配音樂打烏龍麵的結論。小野烏冬先生也因此培育出他人無法模仿、魅力十足的打烏龍麵方法。他的人生轉向至烏龍麵藝術家，也可說是蓄積了烏龍麵學徒以及樂團的音樂經驗才能夠實現的範例。

除此之外還有許多充滿魅力的賓客，無法一一向大家介紹真是太可惜了，不過「新工作圖鑑」活動當天，賓客們分享他們的人生轉向軌跡，使現場五彩繽紛。參加者也告訴我：「好驚訝竟然也有那樣的生存方式！」讓我在內心忍不住比著勝利姿勢。

我自己也因為舉辦這個活動，重新了解職涯真的非常多樣化、以及人生轉向的確需要蓄積。**原創型職涯的人們並不是一開始就用獨特的職稱活動，而是因為有過往累積下來的東西、抓住偶然的機會，才能夠轉向成為那個職業的。**

慢慢改善、準備邁向下一次轉向

年號變更為令和以後，我們可以稍微將昭和及平成當成過去來回顧，正因為踏入了全新的時代，因此我們不就更應該要有全新的人生觀和職涯觀嗎？正是因為這個念頭，讓我想告訴大家人生轉向的概念。這和一般的職涯論相比能夠更為長久，同時我也認為這其實是比較簡單的理論。雖然並不具即效性，但以長遠目光來看，也是個幫助大家的方式。

令和這個新時代的序幕並不是相當明朗的，本書也多次提及，COVID-19的流行對於社會打擊重大，持續影響大多數人的生活。在撰寫本書（二〇二一年一月）時全世界的死亡人數已超過兩百萬人，各國之間的對立及切割也愈發嚴重，企業的業績更是一蹶不振。每個人的經濟狀況和精神衛生都在惡化。

但是，本書讀者，也就是你，了解經驗的重要性。我們在這新冠肺炎之禍下，幾乎是被強迫要嘗試各種新生活方式及新工作方式，在錯誤中不斷磨練技能組合。同時要在保持社交距離的情況下，在網路上與他人連結、透過互相幫助，建構起與從前不同的「人際網絡」。同時因為居家工作也使得大家思考的時間增加了，在面對艱困狀況的過程當中，想必也會對自己有更深的了解。

不管是正面或者是負面的事情，全都是你的「經驗」；無論是甜是苦都吞下去化為自己的血肉即可。不管發生了什麼事情，都要從中學習，最重要的就是不能忘記從中抓住通往未來的概念。只要有這樣的念頭，就算是覺得「困難」的情況，也能夠將它當成「挑戰」而積極向前；就算「失敗」也能夠接受它，當成是「實驗」的結果。

這些經驗帶來的蓄積，要在何時、如何應用，都看各位自己。畢竟人生轉向的時機和理由是因人而異的。或許是幾個月後，也可能是幾年後。但我認為最好不要縱容它溜走。您可以想像一下退休以後才執行第一次人生轉向的情況，雖然也不是不可能，但在心理方面的難度應該很高吧。一直逃避那些小變化，之後如果遇到一定要有巨大轉變的狀況時，很可能會把自己逼到死角。因此，現在就多少體驗一下人生轉向，讓自己能夠不在意年齡、習慣這件事情。

不需要擔心這次人生轉向是否會順利，畢竟有八成是由偶然決定的嘛。我們要做的剩下兩成，是好好品味經驗。然後從經驗當中儲存三項蓄積。接下來就如同先前說的三個行動原理，先去做、慢慢改善，然後試著付出。如此為下一次人生轉向做好準備。這些經驗所蓄積下來的東西，在反覆進行人生轉向的同時，應該也能感受到現在自己做的事情，都與未來的自己有關。

如此便能為所有事情找出意義，也能夠積極快樂來做這些事情。沒有人知道人生轉向後，前方在何處，所以才有趣。我期待大家人生轉向的軌跡，或許會有跟我交會的一天。

專欄

揚帆出航，與人相遇後
催生工作與企劃的「工作方式傳道士」

橫石崇先生由於負責策劃「工作方式祭典」以及推展到海外舉辦的「Tokyo Work Design Week（以下簡稱TWDW）」而為人所知。四年前我也曾經訪問過他，之後也幾次前往TWDW演講，但很久沒有與他本人對談。四年前那是「&Co.（株式會社&Co.）」剛創業的時候，因此我認為那對於橫石先生來說應該是第一次人生轉向，這次訪談當中我才知道其實他在其他時期也曾有過相當大的轉向。

橫石先生由於想和有創意又有趣的人們一起工作，因此進入了電視公司的集團企業，在那裡他學習了企劃製作的「技能組合」，活用這項能力轉業到廣告公司。在第二間公司他以廣告企劃製作人與數位媒體合作。到了三十歲以

人生轉向
實踐者

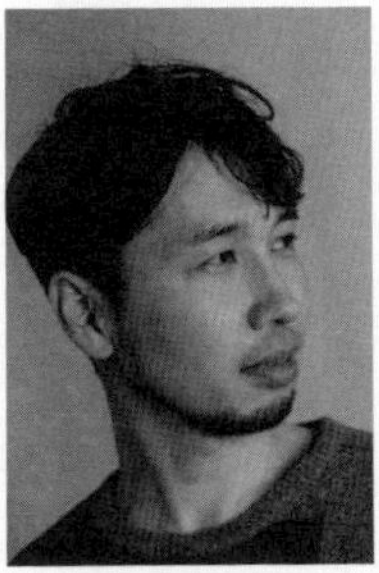

橫石崇

&Co.負責人。「Tokyo Work Design Week」組織者。一九七八年出生於大阪市，多摩美術大學畢業。歷經了廣告公司、人才顧問公司等工作後，於二〇一六年設立&Co.（株式會社&Co.）。是負責品牌與組織開發的企劃人員。舉辦國內最大規模工作方式祭典「Tokyo Work Design Week」，來場人數高達三萬。鎌倉集合辦公室「北條SANCI」負責人。法政大學職涯設計學系兼任講師。

前已成為董事，有五十名部下，可以使用大量預算將資訊傳達給數千萬人，在大型工作上給人萬能感。但那時發生了東日本大地震，那種情況下他痛切感受到「我什麼事情都辦不到」。這次地震的經驗動搖了橫石先生對於自己的萬能感，只覺得渾身無力。確實對於那些受災被困之人，數位媒體幾乎無法幫上忙。

另外，先前他已經在廣告業界待了十年，大多事情都已經體驗並且理解，因此感覺時候也到了。沒多久他便覺得應該要挑戰廣告以外的業界、加上當時地震造成的心境變化，因此退出了廣告公司的董事職。做廣告的人大多無法理解橫石在憧憬的公司做到董事卻要離開，但他仍然決心離職。之後就和對於業界較熟悉的夥伴共同創立了人才介紹公司。

他從原先數位媒體動輒可與數千萬人相關的廣告業務，轉換到必須透過線下面對面溝通來推動一個人的人才介紹業務。這可說是相當大的人生轉向。橫石先生原先就喜歡有創意的人，因此人才介紹業務的對象，也是選擇相當具備創意的人。在推動事業時，他也活用了自己在廣告業界所學習到的行銷及創造靈感的「技能組合」。他在人才介紹業中持續與各種人見面，拓展「人際網絡」的同時，不斷為企業介紹符合他們需求的人才。由於聆聽客戶企業組織煩惱的機會也增加了，因此也學習到組織經理等「技能組合」。

但當時橫石先生又感受到，他在人才介紹業中收取成功轉職者年收入三成這樣的模式，似乎有哪裡不太對勁。自己做的事情不過是移動價值本身，感覺上並沒有創造價值。而且人才業界就和廣告業界一樣，只能在固有的系統和商業習慣當中遊走，這讓他更加感受到強烈的異常感。如此一來就好像從菜單當中選餐點一樣，只能在固定的系統當中推動業務。這樣的話，做這件事情的人並不一定要是自己。因此他得到了新的「自我理解」，明白「自己想做的事情是在系統之外做出新的事物」。

要在人才業界做出新的事物，就必須破壞人才業界既定的工作方式概念。因此橫石先生覺得自己應該要更加了解那些在最前線活躍的個人、還有感受到煩惱的人們。他們究竟是如何工作、內心又描繪著什麼樣的未來呢？他想到的就是和先前廣告公司採取的數位媒體完全相反的方式，因此舉辦了能夠看到彼此的線下活動，這個企劃正是TWDW。

TWDW是個以「嶄新工作方式」及「未來社會」作為主題、為期一週的活動。從二〇一三年起每年都會舉辦，國內外蒞臨人數合計超過三萬人，是亞洲最具代表性的「工作方式祭典」。每次都會聚集許多改革者，舉辦各種談話及工作坊。企劃這個活動，應用了他在廣告業界得到的策劃及重新編輯事物這項「技能組合」；以及在人才介紹業當中得到了組織能力這種「技能組合」；同時上台或者參加活動的各種創意人才也是靠著先前認識的「人際網絡」邀約而來。

橫石先生發現主辦TWDW使他與更多上台者及參加者建構起「人際網絡」，而且這個網絡的性質與他在廣告業界時的網絡完全不同。詢問他在廣告業界時認識的都是什麼樣的人，他表示「當時只能連絡到知名廣告公司的明星業務、和一些有董事稱謂的人，而且現在幾乎都失去聯絡了」。相反地，舉辦TWDW並以他個人身分起身插旗以後，大家很自然地就聚集在他的旗下。而且和那些不計明星身分或者職稱的「個人」連繫反而長長久久。換句話說，重點就是他在「自我理解」明白自己想做什麼而插下旗子後，便自然形成能夠長久維持的「人際網絡」。

因此橫石先生透過TWDW學到了插旗方式這項「技能組合」，同時拓展了創意方面相當有趣的人們這個「人際網絡」，並且「自我理解」發現自己喜歡和這些人們催生出嶄新事物。

之後橫石先生便設立「&Co.」這間一人公司。理由便是他發現自己「不適合在系統規範當中拓展業務規模」。他透過先前在廣告業和人才業界的經驗、以及舉辦TWDW的經驗，面對自己的工作方式。他並未訂立目標或計畫，也讓公司盡可能迷你，據說是因為覺得小才好做事。

順帶一提「&Co.」的公司名稱由來就和Tiffany & Co.的「&Co.」是表示「(與Tiffany共同的)夥伴們」意思相同，他希望自己成為某個人的第一合作夥伴，這樣的概念。因此工作內容也會隨合作對象改變，是個有如器皿般的公司。

他位於系統之外，端看透過這個規模小而全新的架構是否能夠做出改變社會的活動；自己加入這些事情是否有意義等觀點，來決定是否要與對方一起工作。不同合作對象要做的事情也全然不同，據說他也因此多了許多意外的連繫。

最近他也經手集合辦公室「北條SANCI」（招待制共用辦公室），目前以負責人身分經營該處。據說契機是和那些創意人員夥伴們閒聊時，大家熱烈談論起「是否需要辦公室？」這個問題。往後的工作方式將有所改變，不同企劃會聚集不同人、做完便解散這樣的工作型態若變得理所當然，那麼辦公室又應該何去何從呢？為了實驗這件事情，他在鎌倉找到適合的屋子以後，便開始募集起進駐的企業。這也是與工作方式相關的實驗之一、當然也是橫石先生自己插下的旗子，也有新的夥伴聚集在那旗子之下，我想這完全就是橫石先生獨特的做法。

回顧訪談，令人感受到他好好去面對自己的價值觀、直覺和感受到哪裡不對勁的地方，而能有深刻的「自我理解」。另外在「技能組合」方面則重視插旗的動作，依該目標舉辦活動及工作，透過該場合去實現想做的事情。「自我理解」越是深刻，就能夠插下一支更接近目標的旗子，也會有更多人聚集過來。在訪談中他無意間說了句「人與人的連繫不是打造出來，而是催生出來的」，想來正是插旗的重要性。

橫石先生有著作《我們往後的工作方式》（早川書房／二〇一七年）、《自我介紹2・0》（KADOKAWA／二〇一九年）出版以外，也有連載文章、同時在大學開班授課。想來仍會繼續與五花八門的夥伴們插下各種旗子，打造出五彩繽紛的未來工作方式吧。實在非常期待橫石先生下一次人生轉向。

結語

人生轉向是踏入未知的領域，要改變先前的生存方式和工作方式，因此可能會感到不安。正因如此，我們必須要有所準備、累積經驗。過去的自己將腳下的土地踩實了，才能夠跨出新的一步。

本書告訴大家的是能夠貫通一輩子的思考方式，也就是人生轉向的概念。最重要的就是將此思考方式落實為行動。或許無法馬上看到效果，但微小行動的累積在一年後應該就會推動巨大變化。

本書是在許多人協助之下完成的，因為先前有許多人來與我商量職涯，才能在我心中建構出人生轉向這個思考模式的基礎。尤其是議論飯上的朋友們有許多獨特的職涯，在撰寫本書時，我總是腦中浮現著他們的生存方式。另外還有接受我訪談的押切加奈子小姐、岩本友規先生、三原菜央小姐、柚木理雄先生、以及橫石崇先生。我一邊聆聽這些人生轉向實踐者的故事，對於自己建構的概念也更加有信心。希望今後的活動也能和大家有所合作。另外還有負責本書的今村享嗣與遠山怜兩位編輯，他們建議我將企劃命名為「轉向」，對於不習慣寫作的我給予相當多執筆和架構的建議，我才能夠完成本書。

還有我的妻子愛深，妳的存在給了我力量。我先前多次轉向的人生，也是因為有妳這個夥伴才能順利走來。

最後也要感謝讀到此處的讀者朋友們，我認為書是被閱讀以後才產生了意義。我想拜託各位讀者一件事情，人生轉向這個概念還不是很成熟，將來還需要更新，因此還請告訴我閱讀本書的感想。我會盡可能觀看SNS上分享的訊息並且回覆留言，投稿的時候請大家加上「#ライフピボット」這個標籤，我會比較容易找到。另外我也想舉辦本書中使用的蜂巢地圖的工作坊或者座談會等，有興趣的人還請寄郵件給我。

連絡MAIL：chlorine0528@gmail.com

如果能夠透過這本書讓我與更多人對談，那就真是太好了。

二〇二一年一月　黑田悠介

國家圖書館出版品預行編目(CIP)資料

精準轉向:活用蜂巢式職涯地圖,找出自己的特點,建構蓄積行動,實現人生轉向/黑田悠介著;黃詩婷譯. -- 1版. -- 臺北市:城邦文化事業股份有限公司尖端出版:英屬蓋曼群島商家庭傳媒股份有限公司城邦分公司尖端出版發行, 2022.09

面; 公分

譯自:ライフピボット:縦横無尽に未来を描く人生100年時代の転身術

ISBN 978-626-338-396-8(平裝)

1.CST: 生涯規劃 2.CST: 職場成功法

494.35 111012168

精準轉向

活用蜂巢式職涯地圖，找出自己的特點，建構蓄積行動，實現人生轉向

作者	黑田悠介
譯者	黃詩婷
執行長	陳君平
榮譽發行人	黃鎮隆
協理	洪琇菁
總編輯	周于殷
資深企畫編輯	陳品蓉
美術總監	沙雲佩
美術設計	陳碧雲
公關宣傳	施語宸
國際版權	黃令歡、梁名儀
出版	城邦文化事業股份有限公司　尖端出版 臺北市民生東路二段141號10樓 電話：(02)2500-7600　傳真：(02)2500-1971 讀者服務信箱：spp_books@mail2.spp.com.tw
發行	英屬蓋曼群島商家庭傳媒股份有限公司 城邦分公司　尖端出版行銷業務部 臺北市民生東路二段141號10樓 電話：(02)2500-7600(代表號)　傳真：(02)2500-1979 劃撥專線：(03)312-4212 劃撥戶名：英屬蓋曼群島商家庭傳媒(股)公司城邦分公司 劃撥帳號：50003021 ※劃撥金額未滿500元，請加付掛號郵資50元
法律顧問	王子文律師 元禾法律事務所 臺北市羅斯福路三段37號15樓
臺灣地區總經銷	中彰投以北(含宜花東)　楨彥有限公司 電話：(02)8919-3369　傳真：(02)8914-5524 地址：新北市新店區寶興路45巷6弄7號5樓 物流中心：新北市新店區寶興路45巷6弄12號1樓 雲嘉以南 威信圖書有限公司 (嘉義公司)電話：(05)233-3852　傳真：(05)233-3863 (高雄公司)電話：(07)373-0079　傳真：(07)373-0087
馬新地區經銷	城邦(馬新)出版集團　Cite(M) Sdn.Bhd.(458372U) 電話：(603)9057-8822　傳真：(603)9057-6622
香港地區總經銷	城邦(香港)出版集團　Cite(H.K.)Publishing Group Limited 電話：2508-6231　傳真：2578-9337 E-mail：hkcite@biznetvigator.com
版次	2022年9月1版1刷　Printed in Taiwan
ISBN	978-626-338-396-8